我的第一本

观测篇

观星书

李德生 著

Astronomical Observation Guide

SPM 南方传媒
广东科技出版社
全国优秀出版社
·广州·

图书在版编目（CIP）数据

我的第一本观星书. 观测篇 / 李德生著. — 广州：广东科技出版社，2024. 6
ISBN 978-7-5359-8313-8

Ⅰ. ①我… Ⅱ. ①李… Ⅲ. ①天文观测—基本知识
Ⅳ. ①P1

中国国家版本馆CIP数据核字（2024）第076760号

我的第一本观星书（观测篇）
Wo de Di-yi Ben Guanxing Shu（Guance Pian）

出 版 人：严奉强
策划编辑：陈定天　严　旻
责任编辑：严　旻
装帧设计：友间文化
责任校对：于强强
责任印制：彭海波
出版发行：广东科技出版社
（广州市环市东路水荫路11号　邮政编码：510075）
销售热线：020-37607413
https://www.gdstp.com.cn
E-mail：gdkjbw@nfcb.com.cn
经　　销：广东新华发行集团股份有限公司
印　　刷：广州一龙印刷有限公司
（广州市增城区荔新九路43号）
规　　格：889 mm × 1194 mm　1/16　印张6.75　插页8　字数145千
版　　次：2024年6月第1版
2024年6月第1次印刷
定　　价：39.80元

前言

亲爱的天文迷们，仰望星空，你是否曾被那浩渺无垠的宇宙深深吸引？观星不仅是一种的爱好，更是我们探索未知、感悟宇宙的奇妙方式。《我的第一本观星书（观测篇）》正是为你们这群仰望星空、怀揣梦想的探索者而精心准备的观星宝典！

读过本书的姊妹篇《我的第一本观星书（基础篇）》后，你是否已经迫不及待地想要深入了解那些闪烁的恒星、神秘的行星、迷人的卫星、绚烂的流星、壮丽的彗星以及深邃的深空天体了吧？那么，这本《我的第一本观星书（观测篇）》正是你期待已久的好帮手！它将带你领略更多天文奇观，让你在星空的怀抱中畅游无阻。

本书具有以下特点：

（1）内容丰富：内容涵盖天文基础知识、星座解读、观星技巧等多个方面，帮助读者全面了解天文知识。

（2）通俗易懂：书中采用简洁明了的语言，配以生动的插图，让天文科普知识不再晦涩难懂，同时增加了趣味性。

（3）实用性强：书中提供了日食时间表、月食时间表、流星雨时间表等20个常用观测时间表，还有88个星座观测信息表，涵盖星座中英文名称及缩写、最佳观测月份、可见地点、星座位置、目测大小、星座面积、星座美图、主要恒星数量、最亮恒星、流星雨名称等内容，帮助读者轻松掌握观星技巧。

（4）插图精美：书中配有80多幅天文知识解析图和星空图，让读者更加直观地了解星空景象。

书中的天文数据主要参考《大辞海》（天文学·地球科学卷）、《恒星与行星》、《世纪天图》、《美丽星空》、《剑桥天文爱好者指南》、《宇宙百科》等天文类专业图书。在本书的出版过程中，本人与出版社编辑倾注了大量的心血，对全书的天文数据进行反复核查与审校，力求确保内容的准确性、完整性和可读性，尽量避免错误和遗漏。然而，由于知识的广泛性和复杂性，本书仍然可能存在疏漏之处，恳请读者提出批评和建议，以便我们不断改进和完善。

编者

2024年4月20日

目 录

Contents

恒星观测 /001

行星观测 /019

卫星、流星、彗星观测 /045

深空天体观测 /059

星座观测 /073

附录 /083

恒星观测

恒星

恒星是由炽热气体组成、能自己发光的天体。维持恒星辐射发光的主要能量来源是热核反应。太阳是一颗离地球最近的恒星。在天气晴好的夜晚，人类肉眼所看到的小光点绝大多数是恒星。过去因为这些天体距离遥远，肉眼短时间内感觉不到它们的位置变化，故称其为恒星。实际上恒星是在不停运动的。

恒星的观测

恒星的肉眼观测内容，主要是观测四季星象，以及一些标志性的恒星，像北极星、最亮的恒星、最近的恒星、最远的恒星、最大的恒星、最小的恒星、不同颜色的恒星等。

接下来，我们将逐步了解恒星的命名、恒星的运行、恒星的数量、恒星的寿命、恒星的演化、恒星系统等内容。

恒星是如何分类的?

恒星有大小之分、颜色之别、轻重之差，因此恒星的分类方式有很多。一般主要有光谱类型分类、光度与温度分类、稳定性分类、体积和质量分类、关系和运动分类、成因或起源分类、组成结构分类、寿命分类等。

（1）按光谱类型分：

O（蓝色）； B（蓝白色）； A（白色）； F（黄白色）； G（黄色）； K（橙色）； M（红色）。

（2）按光度与温度分：0特超巨星；Ⅰ超巨星；Ⅱ亮巨星；Ⅲ巨星；Ⅳ次巨星（亚巨星）；Ⅴ主序星（矮星）；Ⅵ亚矮星；Ⅶ白矮星。

（3）按恒星稳定性分：稳定恒星和不稳定恒星。

（4）按体积和质量分：小型恒星、中型恒星、大型恒星和超大型恒星。

（5）按关系和运动分：孤星型、主星型、从属型、伴星型、混合型恒星。

（6）按成因或起源分：碎块型恒星、凝聚型恒星和捕获型恒星。

（7）按组成结构分：简单型（非圈层状结构）和复杂型（圈层状结构）恒星。

（8）按恒星的温度分：低温型、中低温型、中温型、中高温型和高温型恒星。

（9）按恒星的寿命分：短命型恒星和长命型恒星。

恒星是如何命名的?

国际上通用德国天文学家约翰·拜耳的恒星命名体系，把每个星座内的恒星按亮度减少的次序依次标上小写希腊字母，再在字母后面加上该星座名称的三个缩写字母作为该星的名称，如大熊座内最亮的恒星“αUMa（大熊座α星）”。

中国古人对星的命名与此类似，在星宫的名称后加上数字，如“上台一、上台二”。

星座里的α星是最亮的吗?

通常α星是星座内的第一亮星，这样的星座有58个。但天龙座、人马座、大熊座等26个星座内的α星并不是最亮的星，在船帆座、船尾座、小狮座和矩尺座等4个星座内甚至没有α星。

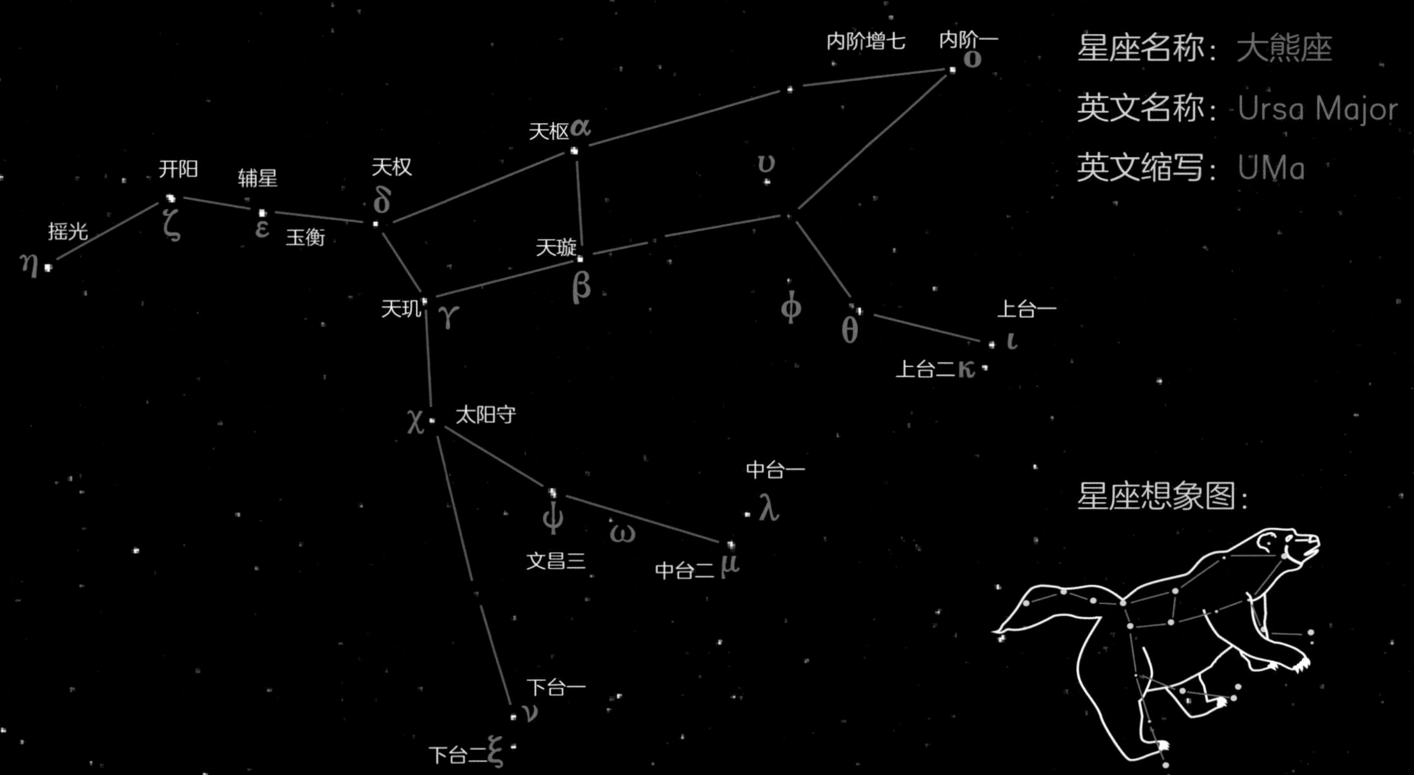

北极星的位置

夜空中有一把由七颗亮星组成的“勺子”，俗称北斗七星。北斗七星位于北方，但不是正北方。位于正北方夜空的是北极星，即地球自转轴北向所指的那颗星。通过北斗七星勺子头两颗星连线的五倍延长线，可以找到北极星。

在周日视运动中，所有天体都围着这颗北极星逆时针旋转。

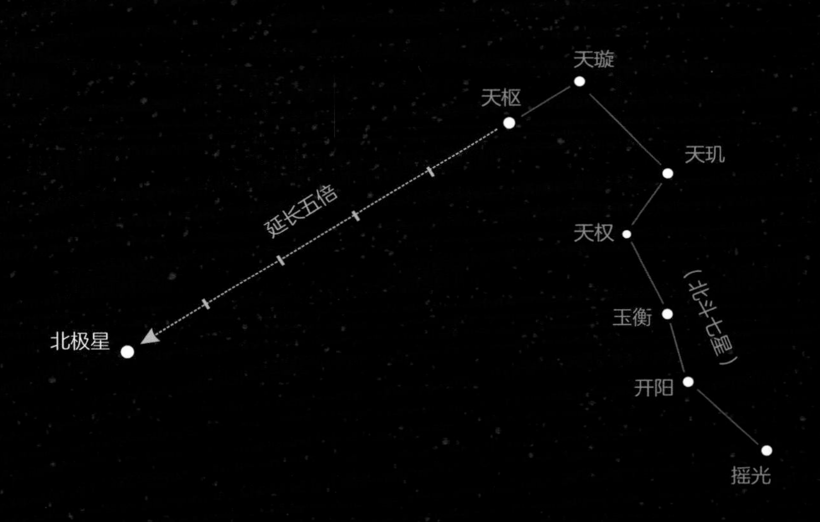

北极星与星座

由于地轴指向北极星附近，地球自西向东自转，因而在周日视运动中，所有天体都围绕北极星逆时针旋转。北极星是小熊座的熊尾巴尖儿，小熊围着自己的尾巴尖儿转；大熊围着小熊转，北斗七星是大熊座的尾巴。

什么是拱极星？

拱极星是围绕天极周围旋转、永不落下的恒星。拱极星的界线就是恒显圈，是以北极星为中心、以北极星到地平线的距离为半径画出的赤纬圈，圈内的天体永远处在地平线之上。

北斗七星季历

所有星辰都绕着北极星每23小时56分旋转一周。因此，中国古人很早便根据北斗七星斗柄所指的方向，总结出了判断四季更替的规律：每天在20时（戌时）左右观察北斗七星斗柄的指向，便可判断出当时所处的季节。（地图和星图的方向：南北相同，东西相反；后同）

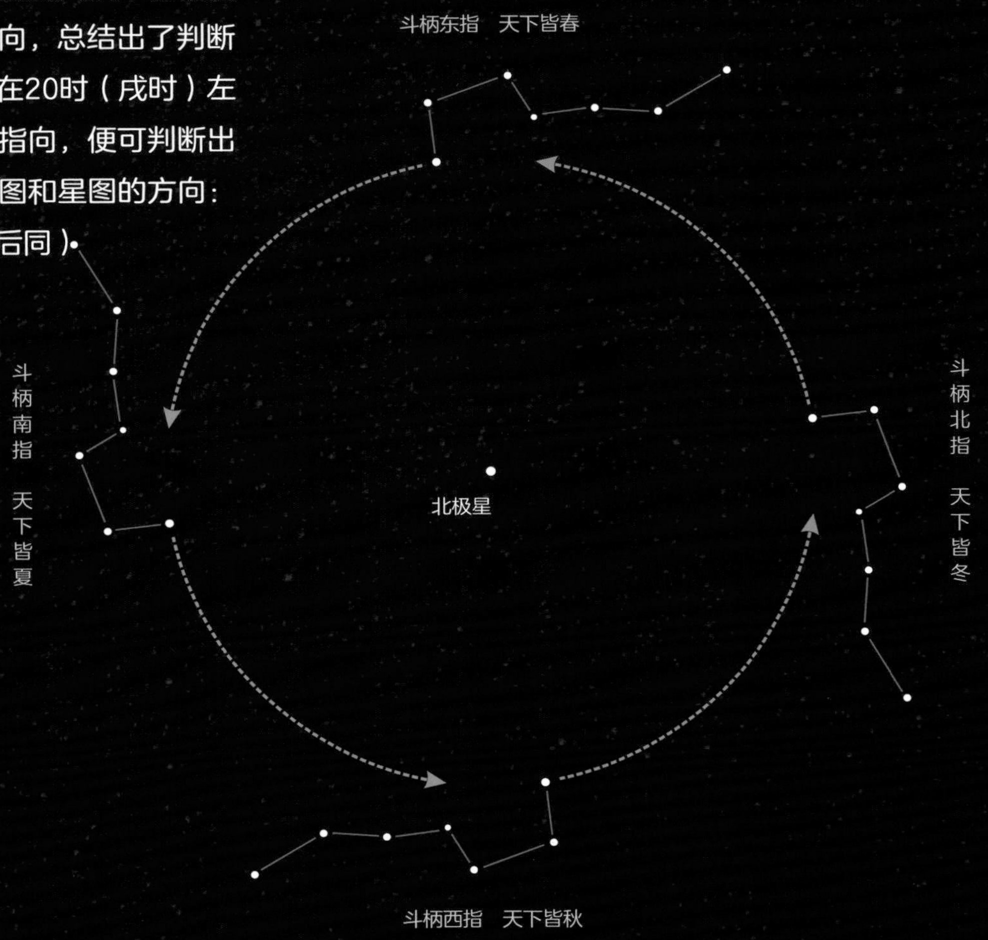

斗柄东指　天下皆春

斗柄南指　天下皆夏

斗柄北指　天下皆冬

北极星

斗柄西指　天下皆秋

北斗七星月历

观测北斗七星的位置，可得知当前的月份。地球自转一圈时，北斗七星也绕北极星视运动一周；但返回相同位置的时间，每天提早了4分钟，一个月提早了2小时。因此，每天在20时左右观测北斗七星斗柄的指向，便可推断出当时所处的月份。

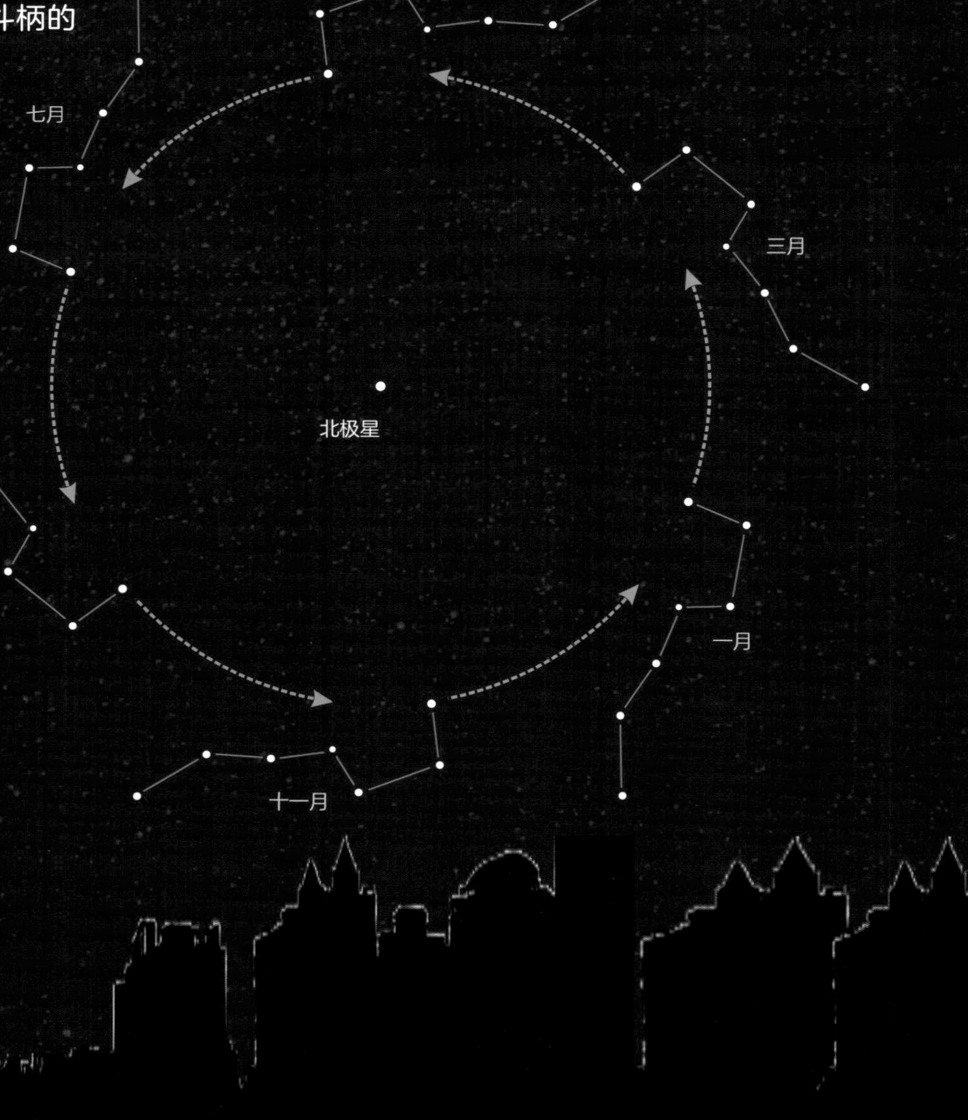

秋冬肉眼可观测星象

秋季四边形：又称“飞马-仙女大方框”，由飞马座的α、β、γ星和仙女座α星等4颗星组成。

冬季大椭圆：由五车二、北河二、南河三、天狼、参宿七、毕宿五等6颗星连线构成。

冬季大弧线：由五车二、五诸侯三、南河三和天狼等4颗星连线构成。

南天大三角（秋季）：由鲸鱼座的土司空、南鱼座的北落师门及凤凰座的火鸟六3颗星组成。

冬季大三角：由大犬座的天狼、小犬座的南河三及猎户座的参宿四所形成。此外，还有金牛座大弹弓和双鱼座小环等亮星连线。

冬季大钻石：由五车二、北河三、南河三、天狼、参宿七、毕宿五等6颗星组成，又称“冬季大六边形”。

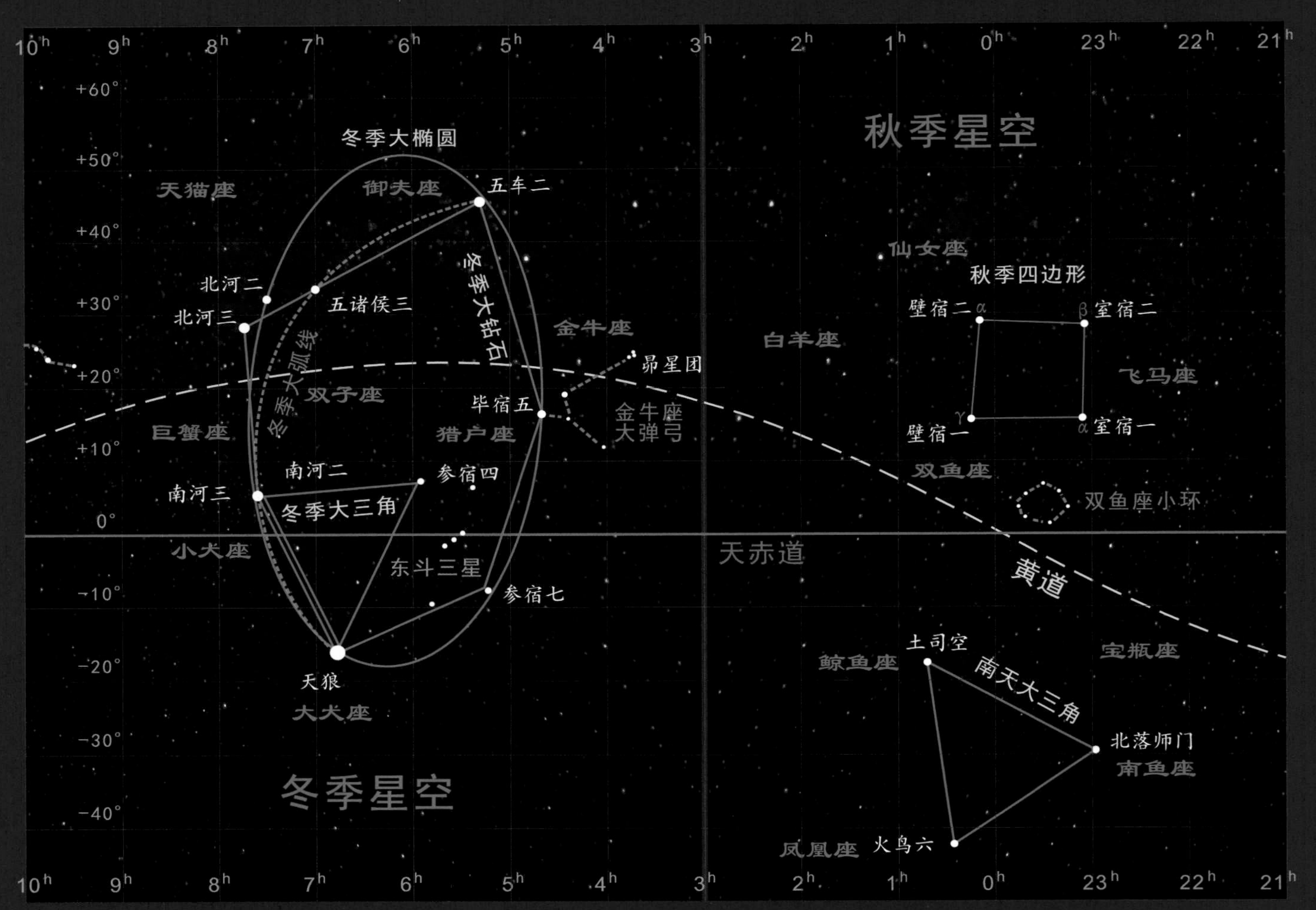

春夏肉眼可观测星象

春季大三角：由狮子座β、室女座α和牧夫座α组成。

春季大曲线：由大熊座的开阳、牧夫座的大角、室女座的角宿一和乌鸦座的轸宿四等亮星构成。

春季大钻石：又称“室女的钻石”，由猎犬座α、狮子座β、室女座α、牧夫座α等4颗星组成。

夏季大三角：由天琴座的织女一、天鹅座的天津四及天鹰座的河鼓二组成。

春夏季直角大三角：一是由织女一、大角和心宿二组成的；二是由大角、角宿一和心宿二组成的；三是由大角、角宿一和轩辕十四组成的。

牛郎织女鹊桥：天鹰座的牛郎星与天琴座的织女星远隔天河相望。

此外，还有北十字、天蝎座大S、武仙座大H、北冕半圆、狮子座大镰刀、人马座茶壶和茶匙等亮星连线形成的星象。

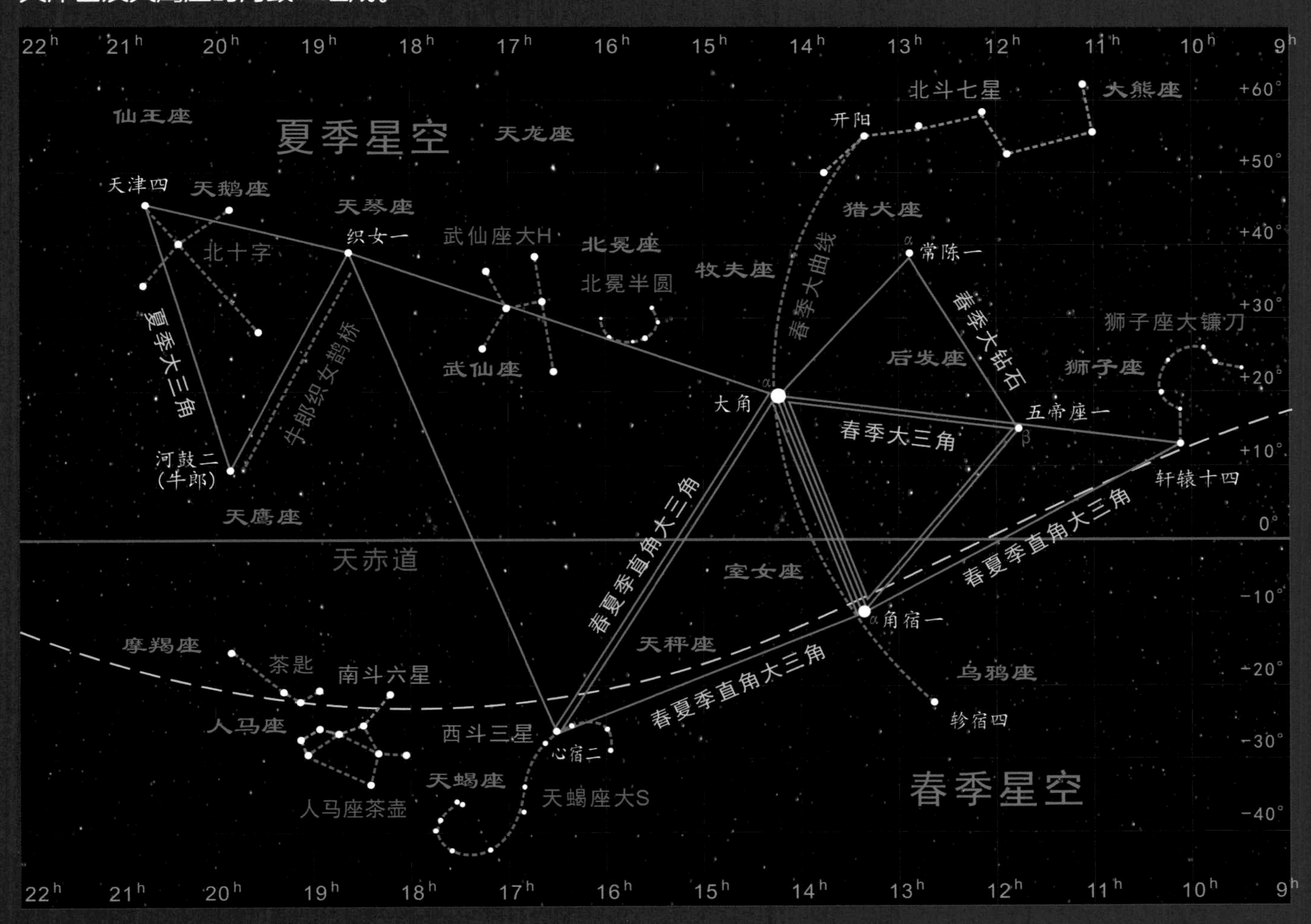

恒星也会运动吗？

古人认为恒星是固定不动的星体，因此称其“恒”星。由于恒星距离地球十分遥远，在短时间内或没有借助特殊工具很难发现它们在天上的位置变化，事实上恒星是在不停运动的。

恒星在垂直于人们视线的方向上运动的速度，称为切向速度；在沿着人们视线的方向上运动的速度，称为视向速度。

什么是恒星的本动？

恒星的空间运动由三部分组成。一是恒星绕银河系中心的圆周运动，这是银河系自转的反映；二是太阳参与银河系自转运动的反映；在扣除这两种运动的反映之后，才是恒星本身真正的运动，称为恒星的本动。

恒星的本动造成了星座亮星位置的变化，因此数万年后人们原本熟知的星座亮星位置会变得不再熟悉了。

北斗七星10万年前后的斗形变化

数万年后恒星的位置变化

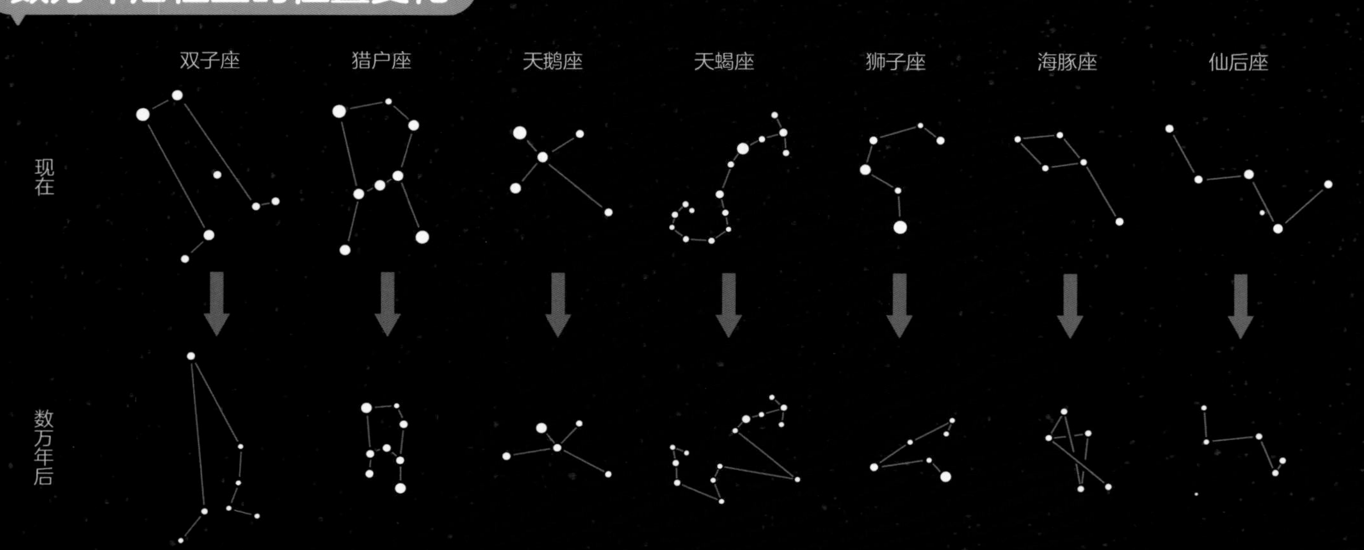

最大的恒星

肉眼可见最亮的恒星是大犬座α星，在中国称为天狼星，它的星等是-1.46；
肉眼可见最远的恒星是仙后座V762，距离地球1.6万光年；
肉眼可见最大的恒星是盾牌座UY，它的体积是太阳的50亿倍；
宇宙中最大的恒星是人马座V1943，它的体积是太阳的131亿倍。

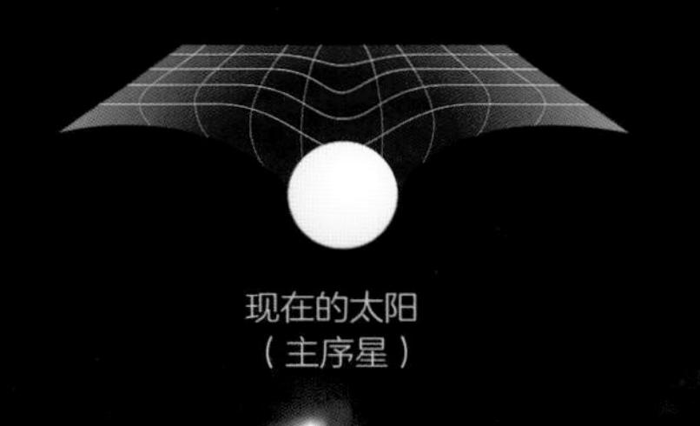

现在的太阳
（主序星）

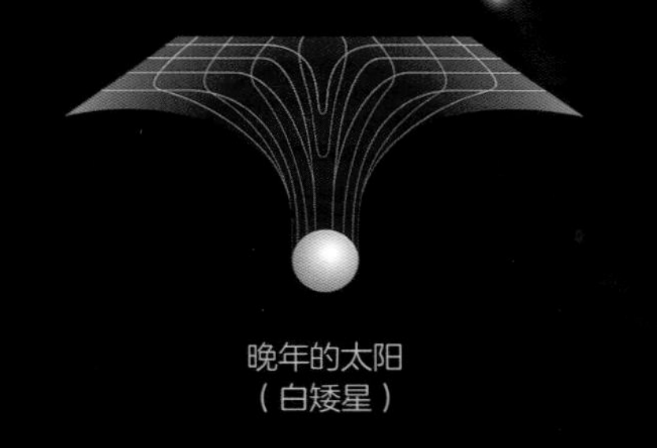

晚年的太阳
（白矮星）

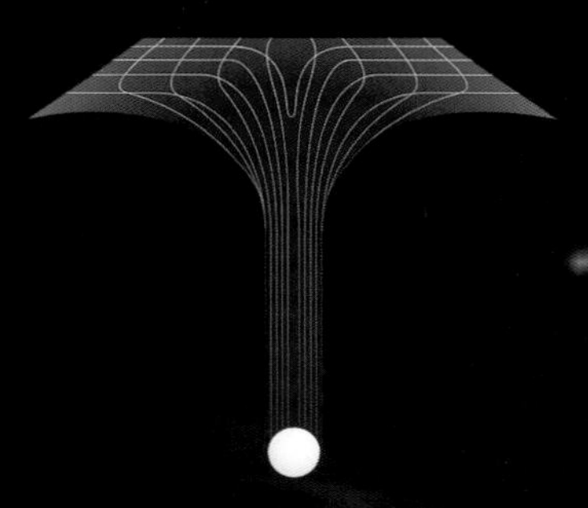

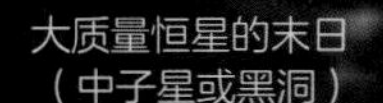

大质量恒星的末日
（中子星或黑洞）

大质量恒星的晚年

当大质量恒星核心的氢燃烧完，将会接着启动氦燃烧反应，把氦变成碳，而氦核心外的氢壳层仍在发生氢燃烧反应。当核心的氦也燃烧完后，碳燃烧会接着启动并生成氖，而核心外会被氦燃烧壳包裹着，氦壳层又会被氢燃烧壳层包裹着。类似的过程不断重复，轻的元素聚变成重的元素，直到核心变成铁。而铁的聚变反应所需要的能量大于其所释放的能量，于是恒星核心的核反应便不再进行了，恒星内部会变成被燃烧层层包裹起来的“洋葱”结构。

大质量恒星晚年的内核结构

恒星会死亡吗？

恒星的寿命取决于恒星的质量，质量越大则寿命越短。太阳的质量与所有恒星质量的平均值相近，大约可以稳定地燃烧发光100亿年，晚年的变化不会太激烈。而质量在太阳10倍以上的恒星，只能发光数百万年到数千万年，最终会发生超新星爆发，并会留下一颗中子星或一个黑洞。

不同质量恒星的演化

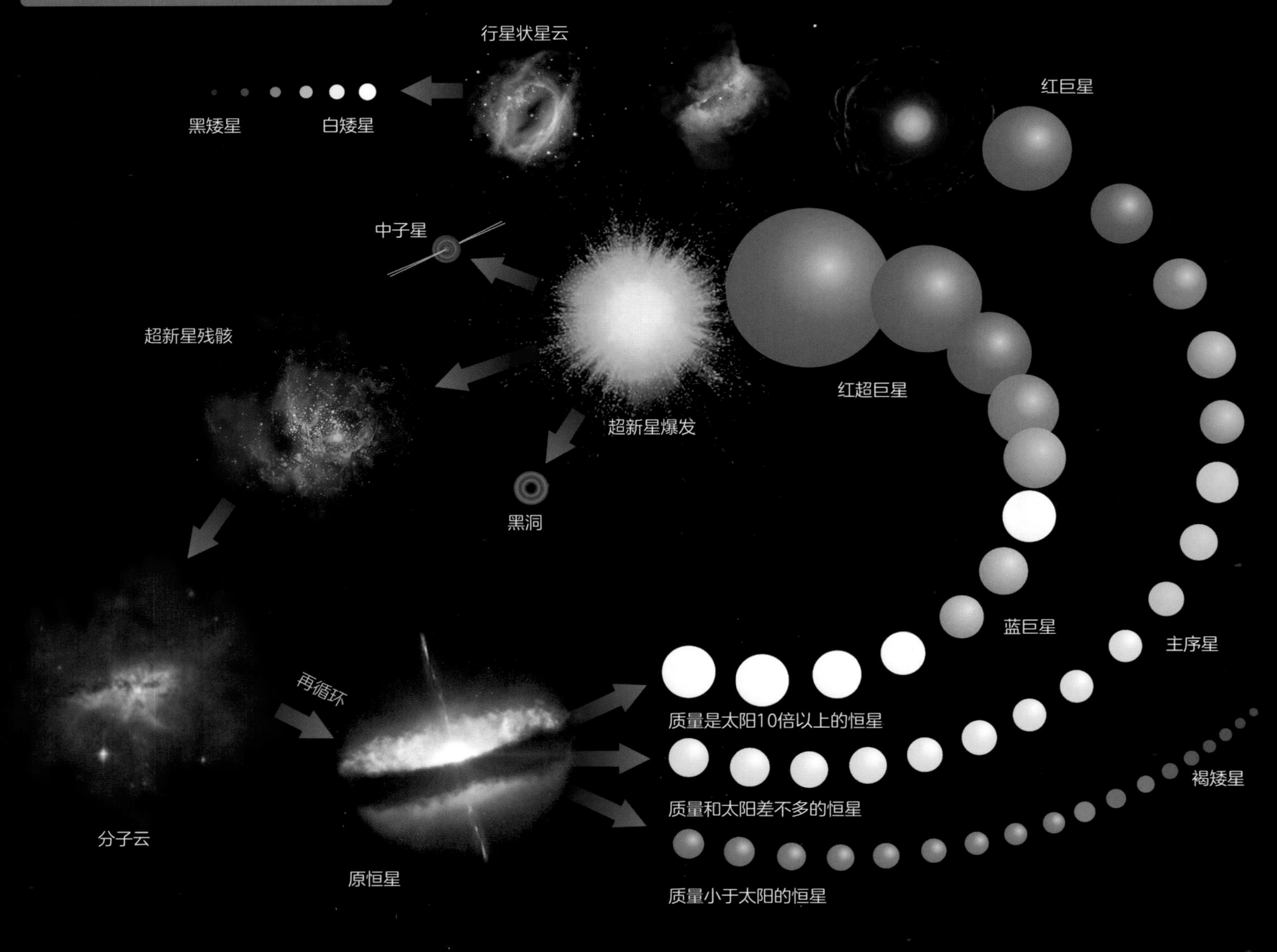

恒星的颜色

恒星的表面颜色取决于它的表面温度，表面温度越低，颜色越偏红；表面温度越高，颜色越偏蓝。恒星的表面颜色主要有四种，分别是红、黄、白、蓝。太阳的表面颜色是黄色，属于温度中等偏低的恒星。

不同光谱型对应着不同的颜色、色指数和表面温度。绝对星等与光度类型的关系可用赫罗图来表示。

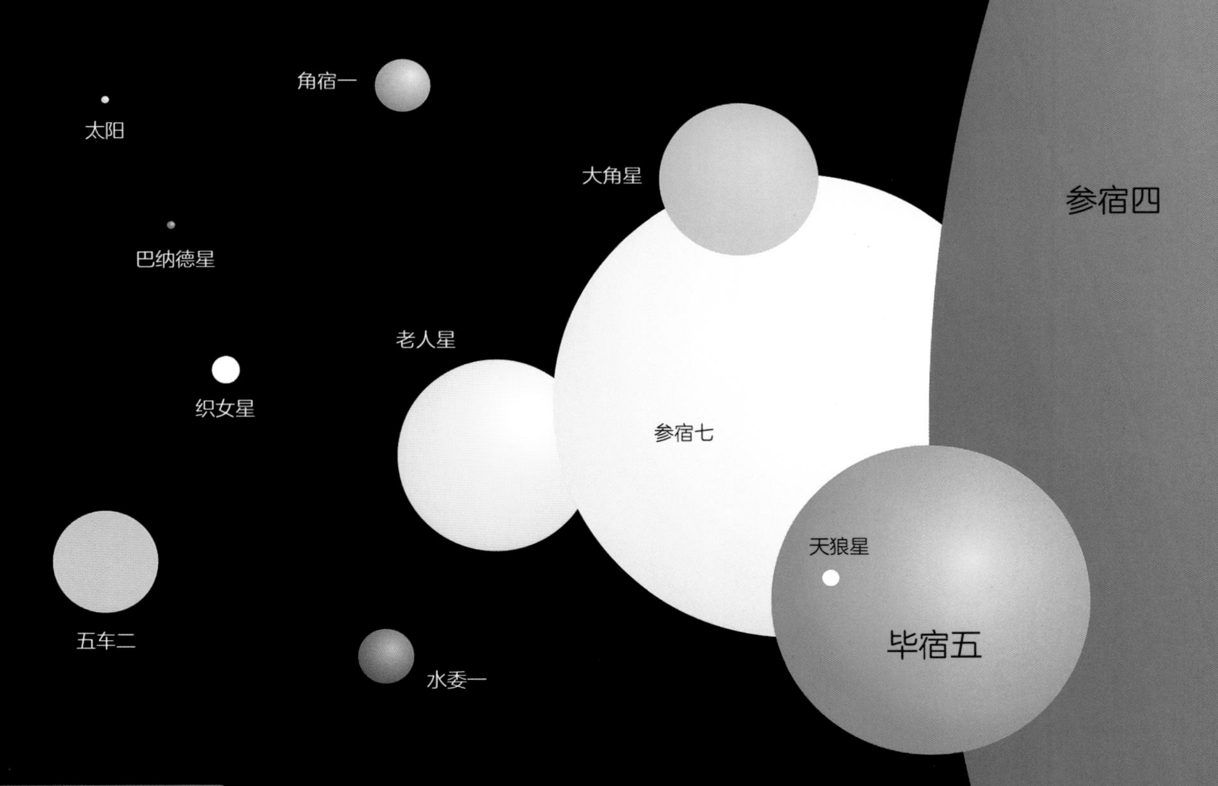

恒星的大小

恒星诞生之时质量便有大有小，体积也有大有小，而且同一颗恒星在不同的发展阶段体积也不相同，甚至会发生极大的变化，发展到超红巨星时体积最大。

什么是巨星?

巨星是指光度比一般恒星（主序星）大但比超巨星小的恒星。恒星演化离开主序带后，体积膨胀变大，密度变小，表面温度降低，变得非常明亮，光度是太阳的十倍到数千倍。在赫罗图上，巨星位于主星序的上方、亮巨星和超巨星分支的下方。红色或橙色巨星被称为红巨星。

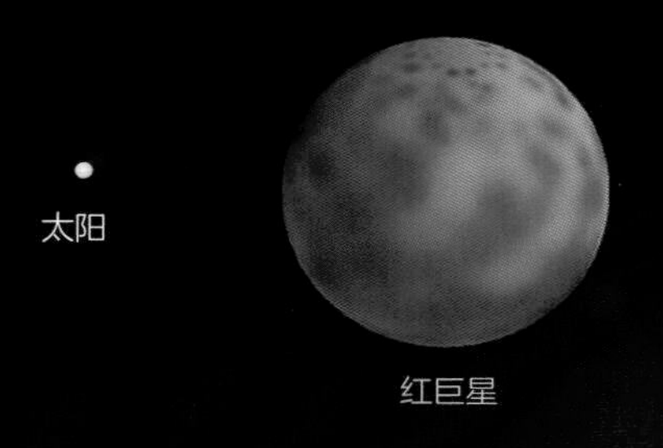

参宿七

超巨星

什么是超巨星?

超巨星是质量为太阳质量的8～12倍，光度和体积比巨星大但密度较小的恒星，绝对星等在-2到-8之间。肉眼所见的最亮的蓝超巨星是参宿七和天津四，而最亮的红超巨星是参宿四和心宿二。

什么是矮星？

矮星专指恒星光谱分类中光度级为V的星，即等同于主序星，处于一生中的氢燃烧阶段，当氢燃烧完后就会开始氦燃烧。光谱型为O、B、A的矮星称为蓝矮星，光谱型为F、G的矮星称为黄矮星（如太阳），光谱型为K及恒星处于生命周期后期的矮星称为红矮星。

矮星是主序星阶段的恒星，属壮年恒星，其内部产生的能量与向外辐射的能量相当，星体非常稳定，我们所处的银河系中90%以上的恒星处在此阶段。但白矮星、亚矮星、黑矮星则另有所指，它们是“简并矮星”，不属于矮星之列。

超新星爆发

超新星遗迹

什么是新星？

新星是爆发变星的一种，由于其突然出现而被当时的发现者认为是刚刚诞生的新恒星，所以被称为“新星”。新星突然发光的原因是恒星步入老年（白矮星）时，其中心会向内收缩，而外壳却朝外膨胀，会抛掉外壳而释放大量的能量，使自身的光度突然增加到原来的几万倍到几百万倍。

什么是超新星？

大质量恒星在接近生命末期时会经历的一种剧烈爆炸阶段，此时即称为超新星。爆发时其光度突增到原来的一千万倍以上，产生的电磁辐射能照亮其所在的整个星系，并且持续几周至几个月，之后才会逐渐衰减变为不可见。

什么是超新星遗迹？

恒星通过爆炸将其大部分甚至几乎所有物质以约为1/10光速的速度向外抛撒，并向周围的星际物质辐射激波，形成一个由气体和尘埃构成的膨胀壳状结构，该结构被称为超新星遗迹。

什么是中子星？

中子星是主要由简并中子组成的恒星，极大质量和极小质量分别为太阳的2～3倍和太阳的1/20，半径为10～20千米，是已知的密度最大的固态天体。

中子星是大质量恒星末期发生超新星爆发时，没有达到形成黑洞的条件，而演化成了一种介于白矮星和黑洞之间的天体，它的核心质量在太阳质量的1.4倍到2.3倍之间。

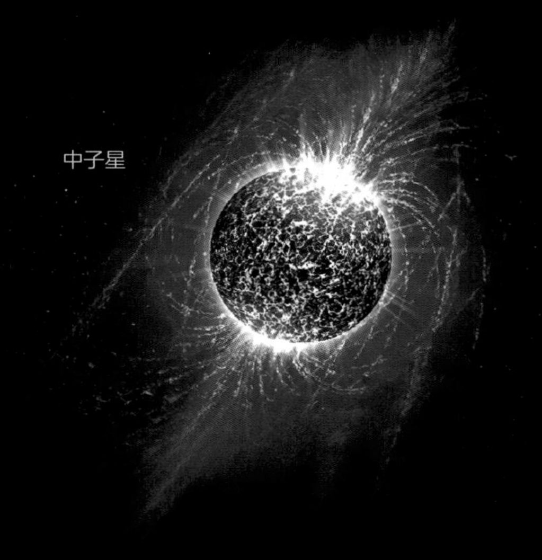
中子星

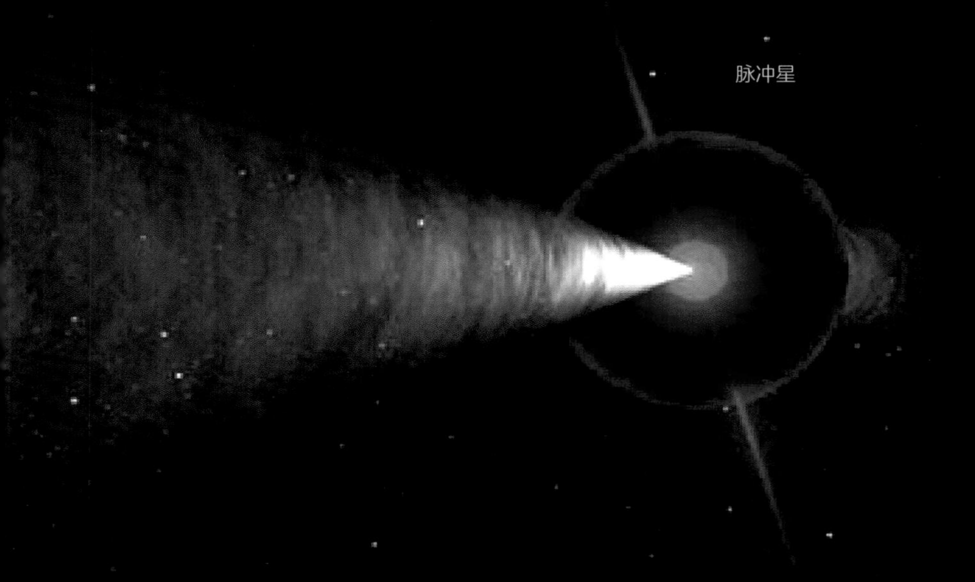
脉冲星

什么是脉冲星？

脉冲星是中子星或白矮星的一种。它是一种周期性发射脉冲信号的星体，直径大多为20千米左右，自转极快。

脉冲星都是中子星，但中子星不一定是脉冲星，能通过观测接收到脉冲信号的才能称为脉冲星。

什么是黑洞？

黑洞是科学家预言的天体，是恒星演化到末期时变成的一种天体。黑洞无法直接观测，但可以通过间接方式得知它的存在和影响。黑洞的引力会使它周围的时空产生严重扭曲，任何物质接近时都会被吸入黑洞，即使是光也逃不出。科学家猜测，物质穿过黑洞可能会到达另一个空间，甚至是时空。

什么是白洞？

白洞是科学家预言的天体，由黑洞演化而成。与黑洞相反，白洞不吞噬接近它的物质，而是向外喷射物质，把黑洞吸入的物质喷射出来。目前还没有发现白洞存在的证据。

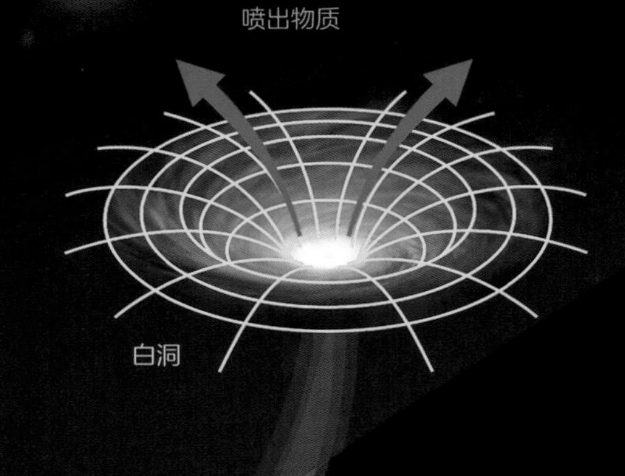

吸入物质

黑洞

时空隧道

虫洞

什么是虫洞？

虫洞，即时空隧道，也叫灰道，是连接黑洞和白洞的时空隧道或细管。

行星观测

行星

行星是指围绕恒星运转的不发光的天体。大行星是指自身不发光、质量足够大到能克服固体引力以达到流体静力平衡、近球体形状、在椭圆形轨道上围绕恒星运转的天体，且在同一公转轨道上不会有其他比它大的天体。太阳系的八大行星与其他太阳系天体共同围绕着太阳运转，构成太阳系大家庭。

行星观测

行星的观测内容非常丰富，我们用肉眼能够观测到太阳系的五颗大行星及其运行、逆行、连珠、凌日、合月等天象。利用望远镜，我们可以观测到行星的视面、行星的卫星、行星环、行星的颜色等，以及肉眼看不到的天王星和海王星。此外，还可以观测到矮行星，甚至小行星。

太阳系

太阳系是以太阳为中心，以及所有受太阳引力约束的天体所构成的体系及其所占有的空间区域。太阳系包括八颗大行星，大量的卫星、小行星、矮行星、彗星，以及数以亿兆的各类小天体、其他星际物质及尘埃。

太阳系在哪里?

太阳系是银河系的成员之一，离银河系中心2.5万~2.8万光年。太阳是银河系大约4 000亿颗恒星中的一员，太阳系是较典型的行星系统之一。

太阳系有多大?

太阳系非常庞大，太阳距离其最远的大行星——海王星约30天文单位，外围的奥尔特云距离太阳大约100 000天文单位，估计太阳的引力控制半径可达2光年之遥（125 000天文单位）。

如果太阳像篮球这么大，则太阳系行星范围像天安门广场那么大，而太阳系的引力范围比整个中国还大。

行星的分布

太阳系行星的分布，从内到外依次是水星、金星、地球、火星、小行星带、木星、土星、天王星、海王星、柯伊伯带和奥尔特云。矮行星分布在小行星带、柯伊伯带和奥尔特云内。

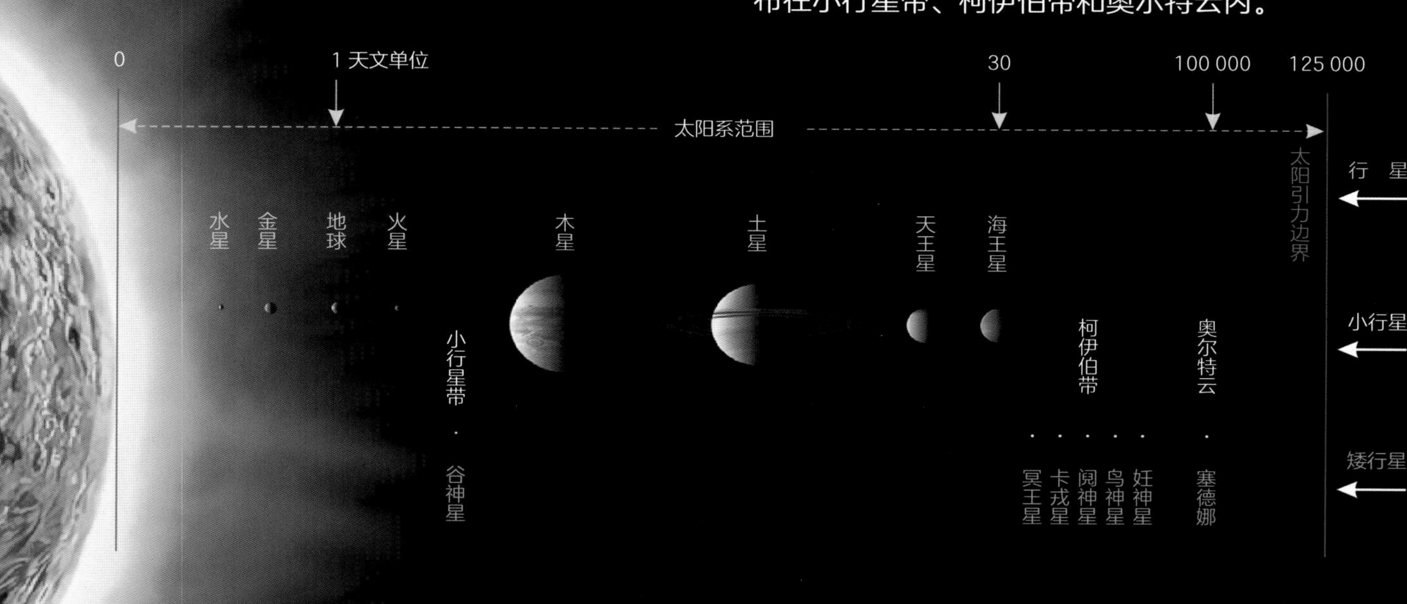

大行星的发现史

1609年，伽利略将望远镜指向天空，开启了现代天文学的时代。到底是什么人发现了金星、木星、水星、火星和土星这五颗行星，已无从考证。

中国古人把日、月、金、木、水、火、土七星称为七政或七曜，其中的金、木、水、火、土五星又被合称为五纬，它们的别称分别如下：

金星称明星或太白，晨时称启明，昏时称长庚；

木星称岁星或岁；

水星称辰星或昏星；

火星称荧惑；

土星称镇星或填星。

水星

金星

地球

火星

木星

土星

天王星

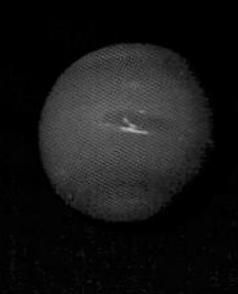

海王星

冥王星

天王星的发现

1781年，英国天文学家赫歇尔发现了一颗行星，将它称为天王星。此前的天文学家曾经看到并记录了它，但没有意识到这颗位置变化不明显且暗淡的星是一颗行星。

海王星的发现

海王星是唯一一颗利用数学方法“计算”出来的行星。科学家发现天王星的轨道存在差异，判断其中可能还存在一颗未知的行星。1846年德国天文学家伽勒在预测的位置上“找到”了一颗颜色蔚蓝的新行星，并将其命名为海王星。

冥王星之争

从19世纪末开始，天文学家推测除海王星外还存在着一颗未知的行星。1930年美国天文学家汤博终于发现了一颗行星，并将其命名为冥王星，从此太阳系九大行星的格局持续了70多年。然而，最新研究认为冥王星不符合新版行星的定义，它在2006年被划为矮行星，从大行星中除名。

然而，根据计算，天文学家对太阳系第九大行星的探寻并没有结束。

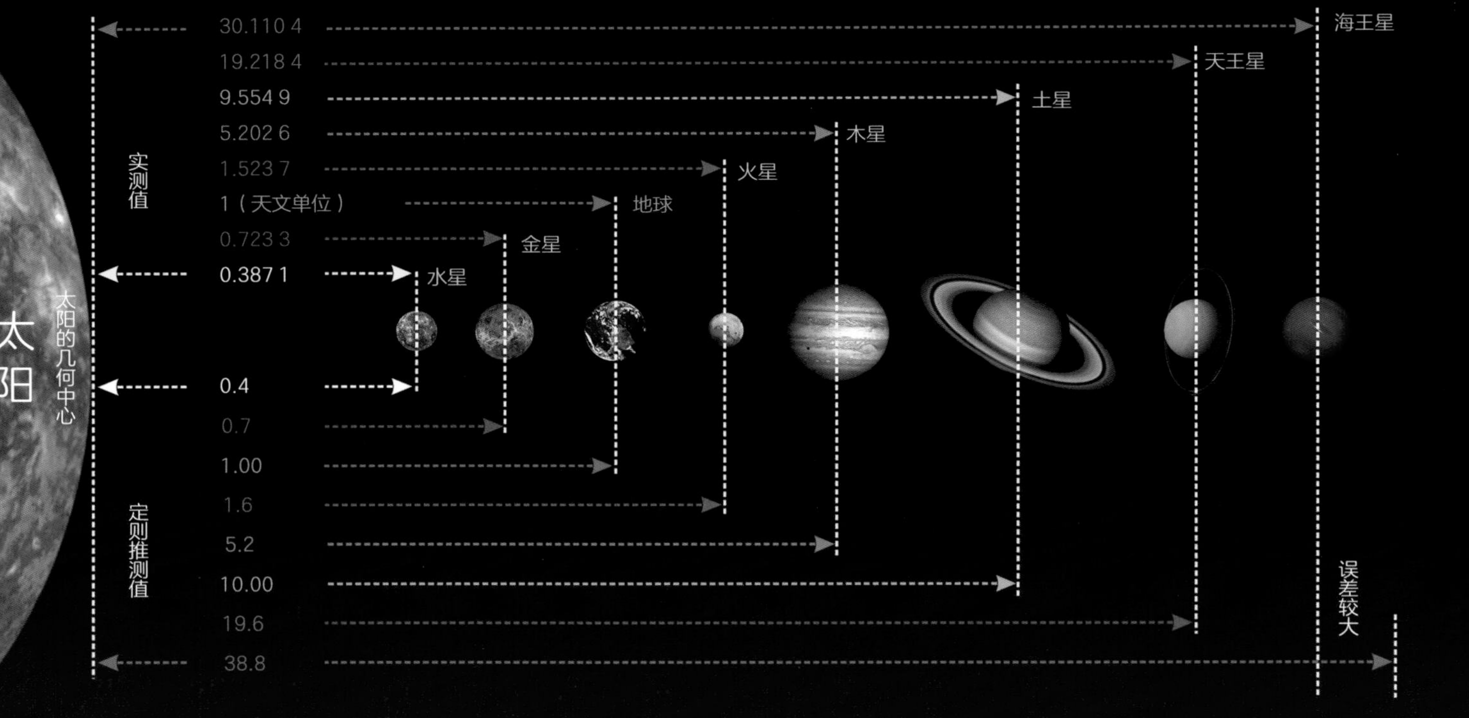

大行星与太阳的距离

大行星的轨道半径即是大行星与太阳之间的距离，大行星围绕太阳公转的轨道均呈椭圆形，但它们的轨道偏心率都很小，均接近圆形。若把地球的轨道半径设为1天文单位，则其他行星轨道半径的天文单位分别是：水星0.387 1，金星0.723 3，火星1.523 7，木星5.202 6，土星9.554 9，天王星19.218 4，海王星30.110 4。

什么是提丢斯-波得定则？

18世纪，提丢斯和波得发现太阳系中大行星的轨道半径大致符合一个简单的数学规律，即提丢斯-波得定则。根据这个定则，人们推测并发现了新的行星。然而，该定则不适用于水星，使用该测定对海王星轨道半径进行推测，其推测值与实测值之间的误差也较大。

行星分为大行星、矮行星、小行星三种，我们平常所说的行星多指大行星。太阳系目前有八颗大行星，地球是太阳系的八大行星之一，此外还有水星、金星、火星、木星、土星、天王星和海王星。

大行星的分类

八大行星围绕着太阳运转，根据位置、大小、形态、性质等不同标准，可以将它们分成不同的类别。

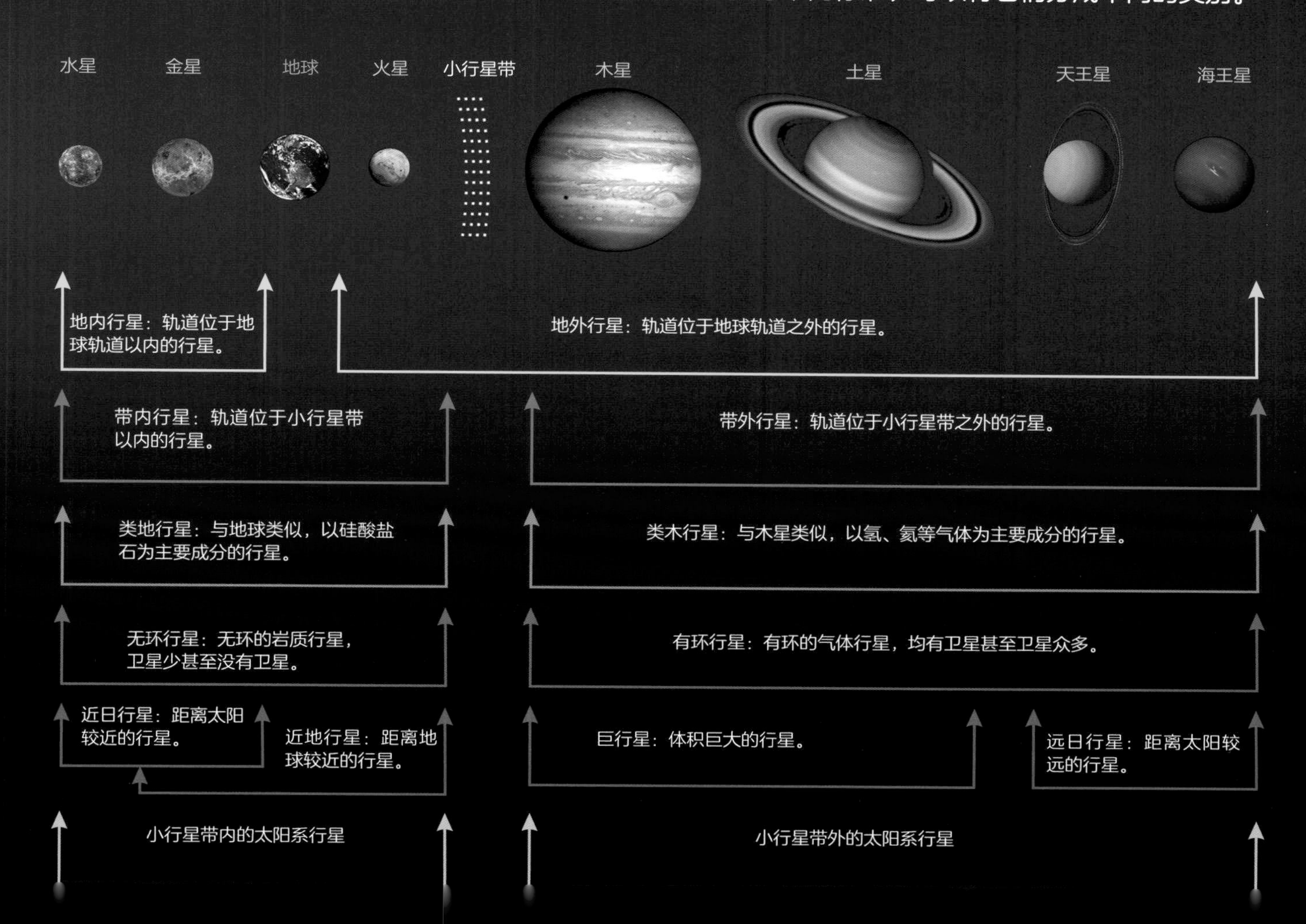

所有行星都绕自己的轴自转。自转方向多数和公转方向一致，只有金星和天王星两个例外。

行星的自转轴倾角

行星的自转轴倾角各不相同，地球自转轴与轨道面之间的倾角为23.5°。比较特殊的是金星的自转轴倾角接近180°，造成自转方向与公转方向相反；天王星自转轴倾角为98°，意味着天王星几乎完全垂直于轨道的方向旋转。

行星的自转周期有长有短。自转周期长的如金星和水星。金星是太阳系自转速度最慢的行星，大半年才自转一周，金星上的2天比地球上的一年还长；水星大约两个月自转一周，水星上的6天就相当于地球上的一年。在地球上若想追上太阳，需要驾驶超声速飞机，而在金星上走路或在水星上骑自行车就能追上太阳。自转周期短的如木星和土星。木星的自转速度是太阳系里最快的，土星的自转速度也非常快，木星和土星在一个地球日的时间里至少可以见到两次日出。

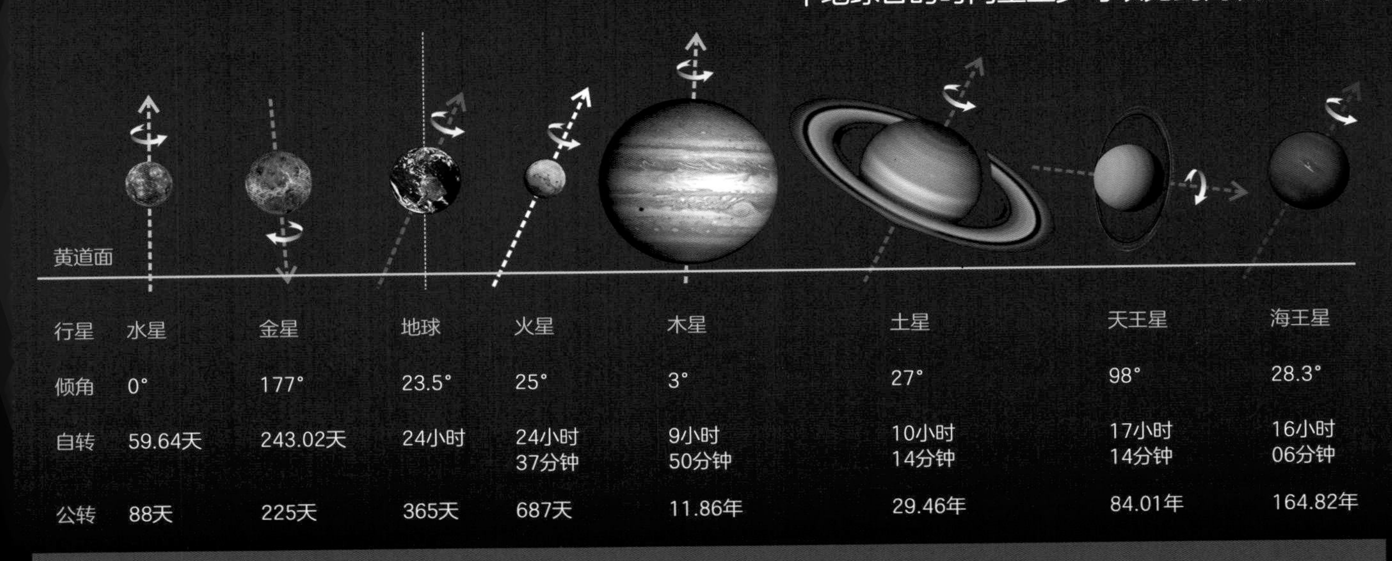

行星	水星	金星	地球	火星	木星	土星	天王星	海王星
倾角	0°	177°	23.5°	25°	3°	27°	98°	28.3°
自转	59.64天	243.02天	24小时	24小时 37分钟	9小时 50分钟	10小时 14分钟	17小时 14分钟	16小时 06分钟
公转	88天	225天	365天	687天	11.86年	29.46年	84.01年	164.82年

行星的公转

行星围绕太阳按逆时针方向公转，周期有长有短。地球的公转周期为1年，水星的公转周期只有约88个地球日，海王星大约165个地球年才公转一周。在水星上，一个地球年还不够它的2天；在金星上，它的1天比一个地球年的时间还长。

大行星的直径

如将八大行星排成一行，它们的赤道直径之和约为40万千米，这个距离恰好约等于地球到月球的距离。八大行星中，直径最长的是木星，直径最短的是水星。

大行星的扁率

行星的扁率是指行星椭球体的扁平程度。大多数自转天体的赤道半径长于极半径，即赤道部分稍微凸起。太阳系里最圆的行星是水星和金星，最扁的行星是土星。

	水星	金星	地球	火星	木星	土星	天王星	海王星
直径（千米）	4 878	12 103	12 756	6 794	142 984	120 536	51 118	49 528
扁率	0.0	0.0	0.003 3	0.005 9	0.064 8	0.097 9	0.022 9	0.017 1

大行星与太阳的体积

假设地球的体积为1，则太阳的体积为1 300 000，即太阳能够装下130万颗地球。即便是太阳系里最大的行星——木星，也需要近千个才能填满太阳。

太阳 1 300 000

水星	金星	地球	火星	木星	土星	天王星	海王星
0.056	0.866	1	0.151	1 321	763.59	63.09	57.74

大行星的体积比较

八大行星中，木星的体积最大，相当于1 321颗地球；而水星最小，地球的体积约是水星的18倍。

大行星与太阳的质量

假设地球的质量为1，则太阳的质量达到333 000，即太阳的质量是地球质量的33万倍。八大行星的质量总和约为447，只有太阳质量的1/745。

行星表面的物体因被该行星吸引而降落时所受到的力，称为重力。八大行星上的重力各不相同，假设人在地球上能够跳起1米高，在金星和火星上则可跳起约2.6米高，而在木星上只能跳起约0.39米高。

	水星	金星	地球	火星	木星	土星	天王星	海王星
行星重力比值	1.06	0.38	1	0.38	2.53	1.06	0.88	1.14
白天最高温度（℃）	+430	+500	+58	+27	−140	−125	−216	−190
全天平均温度（℃）	+179	+480	+15	−55	−140	−140	−220	−214
夜间最低温度（℃）	−180	+465	−89	−133	−150	−180	−224	−218

行星的表面温度

行星的表面温度是指行星赤道附近表面的温度，一般包括白天的最高温度和夜间的最低温度及其全天的平均温度。八大行星中，金星的白天、夜间和平均温度最高，天王星的白天、夜间和平均温度最低；温差最大的是水星，最小的是天王星。

行星的大气成分

太阳系中有四颗近日岩质行星和四颗远日气体行星。近日岩质行星的大气主要是二氧化碳、氮气和氧气；而远日气体行星的大气主要是氢气和氦气。八大行星中，水星和金星的大气十分稀薄。

什么是矮行星?

矮行星是指体积介于行星和小行星之间，围绕太阳运转，质量足以克服固体引力以达到流体静力平衡的近圆球形状小天体。其所在轨道上的其他天体没有被清空，它不是一颗卫星，也不是行星的卫星。已发现的矮行星有小行星带的谷神星，柯伊伯带的冥王星、卡戎星、阋神星、鸟神星、妊神星及奥尔特云的塞德娜。

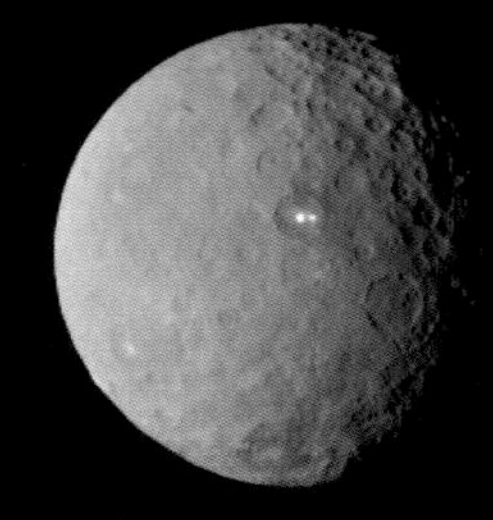
谷神星

小行星带内的矮行星

小行星带位于火星和木星之间，带内聚集了大量的矮行星，其中最知名的是谷神星，此外还有智神星、灶神星、健神星、婚神星等。

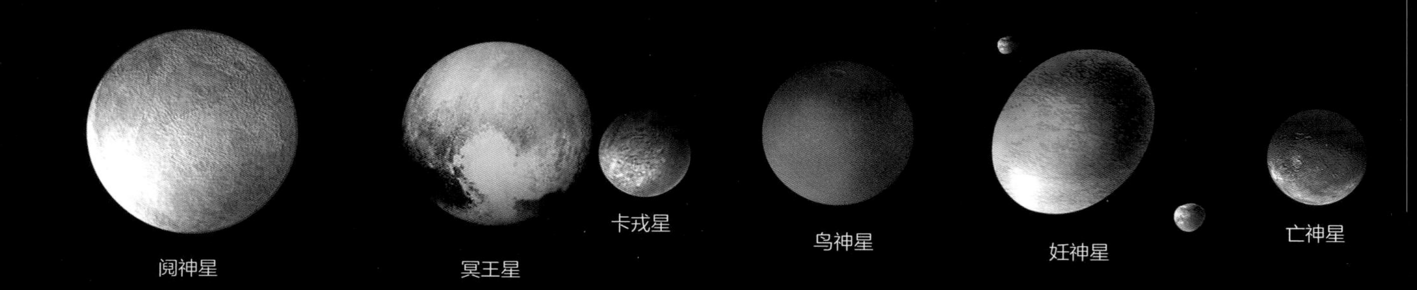

柯伊伯带内的矮行星

柯伊伯带位于海王星轨道外围，带内发现有大量的矮行星。比较典型的有冥王星、阋神星、鸟神星、妊神星、亡神星等，其中的冥王星曾被认为是第九大行星。

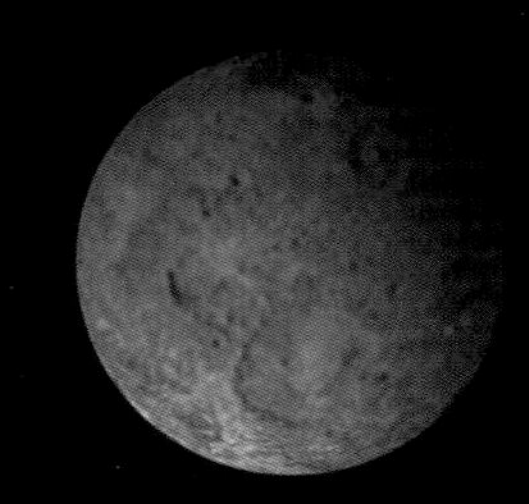
塞德娜

奥尔特云内的矮行星

奥尔特云被认为是太阳系的最外层。奥尔特云内也发现了矮行星，典型的有塞德娜。

什么是小行星?

小行星是指除行星、矮行星、彗星、卫星以外，环绕太阳运动、直径大于1米的天体。小行星无法通过自身的引力凝聚形成行星。1米以下、10微米以上的物质是流星体，10微米以下的物质叫星际尘埃。小行星主要集中在小行星带、柯伊伯带和奥尔特云。

小行星带

小行星带是指太阳系内介于火星和木星轨道之间的小行星密集区域。小行星带内有50万颗以上大小不一的小行星。

太阳
水星
地球
金星
火星
小行星带

小行星的命名

小行星是各类天体中唯一可以根据发现者意愿进行命名，经国际组织审核批准后可获国际公认的天体。小行星命名已成为一项国际性和永久性的荣誉，永载人类史册。

目前，获得临时编号的小行星有近70万颗，获得永久编号的小行星有约40万颗，获得正式命名的有约2万颗。其中，有120多颗是以中国杰出人物、中国地名或中国单位等命名的。

随着观测手段的提升，被发现的小行星也越来越多，每天以七八颗的数量增加。中国有许多天文爱好者陆续发现了小行星，小行星的命名也不再显得那么神圣了。

柯伊伯带

柯伊伯带是指从海王星轨道向外延伸至约55天文单位处一片天体密集的扁圆环状区域。那里有7万颗直径超过100千米的冰态小行星和几千亿颗彗星，总质量是小行星带的20～200倍。它们是来自环绕着太阳的较远的原行星的残余物质，由于较少受大行星的影响而未能凝聚成行星，一直稳定在接近黄道面的盘状区域中而形成了小天体群。

柯伊伯带中最大的天体的直径也不超过3 000千米，被降级的冥王星就处在这个带内。柯伊伯带不是太阳系的边界，向外延伸几千天文单位的距离处还有奥尔特云。

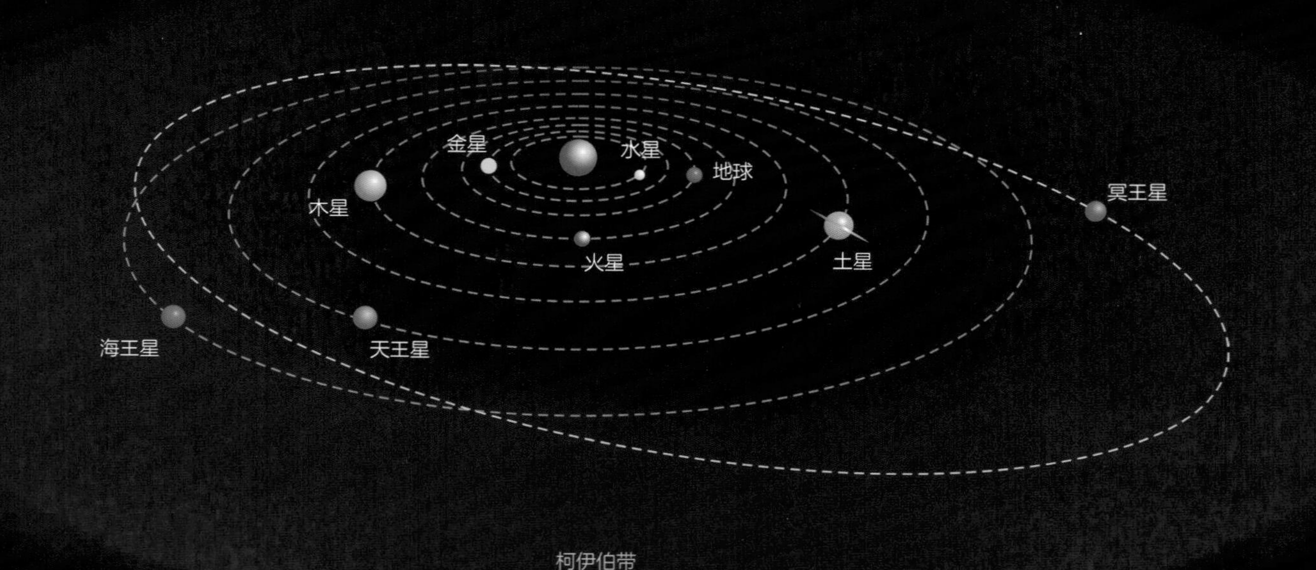

柯伊伯带

奥尔特云

科学家推测在内缘距太阳2千至20万天文单位处，有一布满冰质星子的球层，称为奥尔特云。其中，2千至2万天文单位处的环形内层为内奥尔特云；2万至20万天文单位处包裹太阳系的球状云层为外奥尔特云，外奥尔特云的总质量约为地球的5倍。奥尔特云因幽暗而不易被观测到，人们推测这里是长周期彗星的发源地。

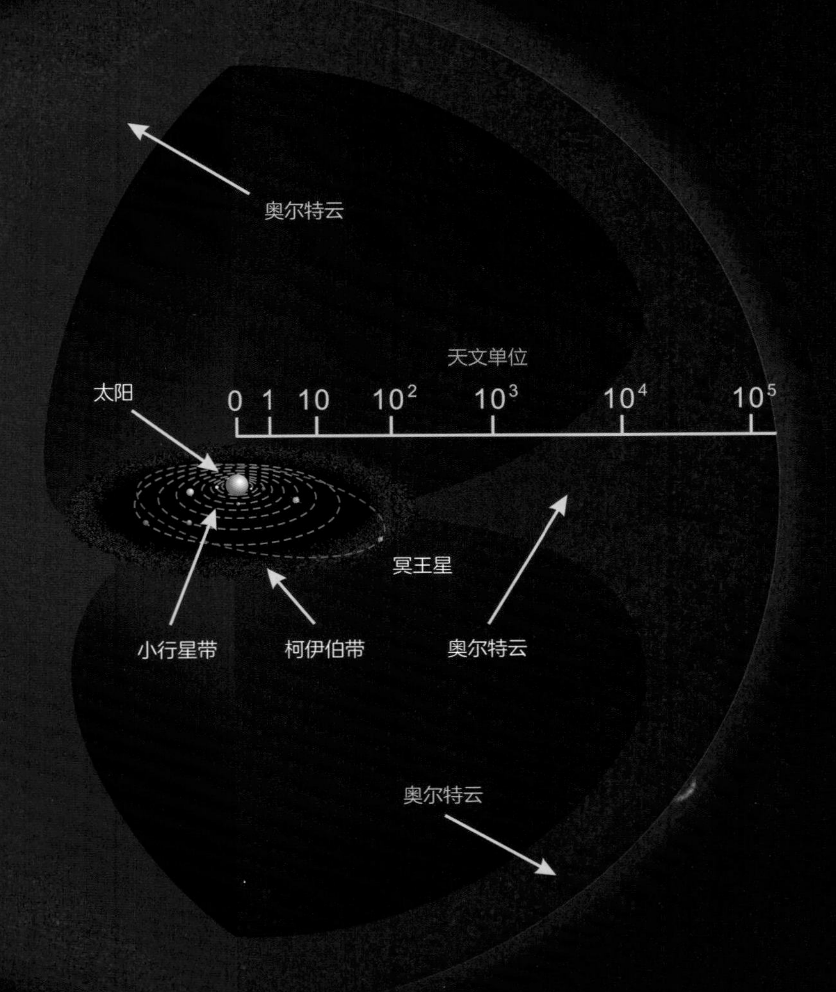

晚霞中的行星

我们看到的晚霞一般都有色彩分层现象，由下向上依次为橙红、黄绿、淡蓝、深蓝等。夜幕中仰望星空时，水星、金星、土星、火星和木星这五颗肉眼可见的行星，沿黄道带排列组成了“五星连珠”天象。

什么是行星连珠?

行星连珠是观测者的视觉现象，即三颗或多颗行星运行到了太阳一侧较小的扇形天区内，看上去几颗行星比较接近。这是因各大行星公转周期不同而导致的天象。

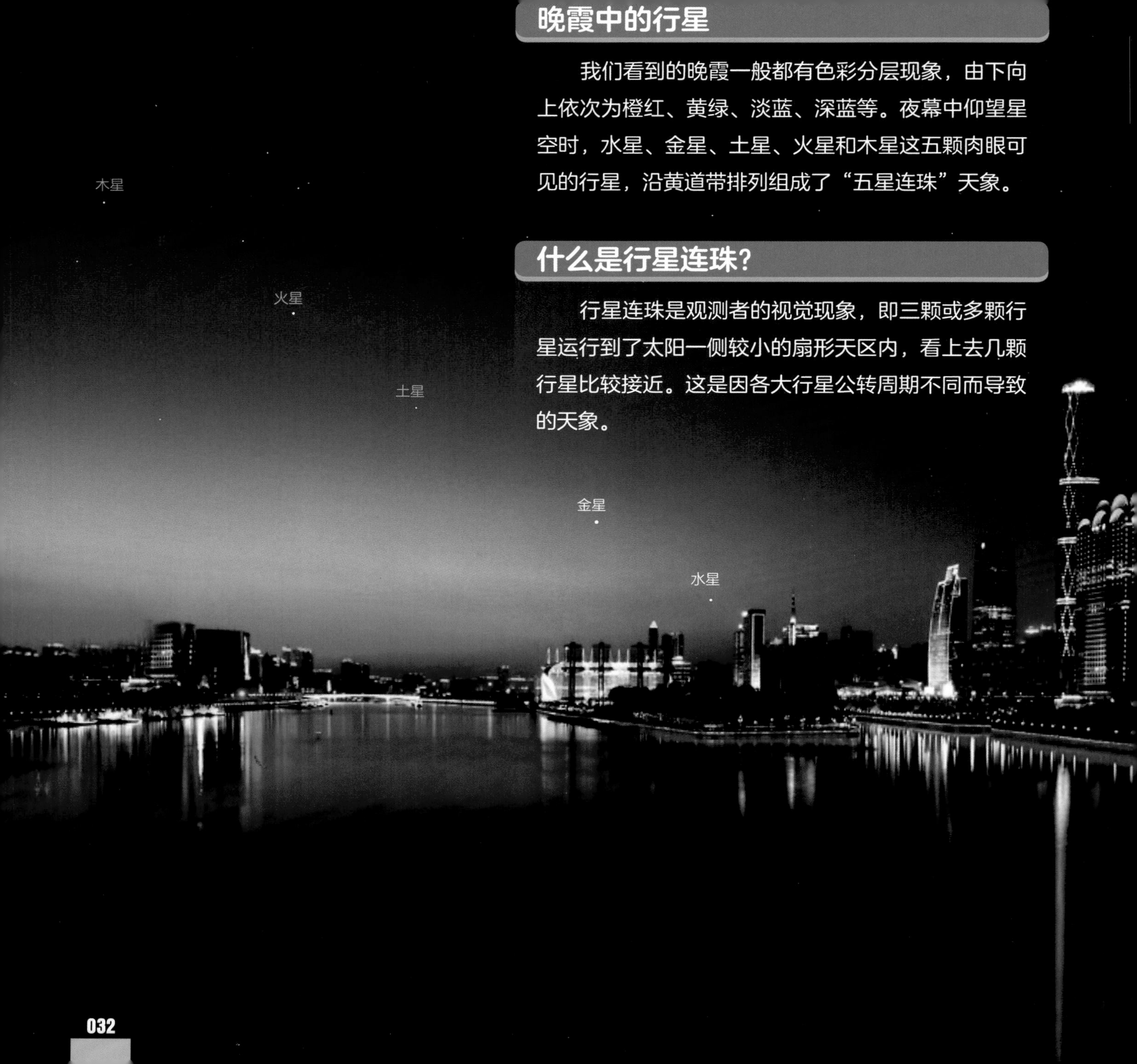

木星

火星

土星

金星

水星

行星的“特殊”运动

在地球上观测天体时，由于行星的周年视运动，水星、金星、火星、木星和土星这五大行星在天空中的位置变化相对复杂，它们的视运动方向有时向西、有时向东、有时甚至停留，这是因为这些行星与地球一样围绕着太阳做周期性运动。它们的公转周期不同，轨道倾角也不同，但运动轨迹都在黄道带内。

木星
火星
土星
金星
水星
水星
水星

地内行星的位相

行星位相，也称为行星星亏。由于太阳、地球、行星三者位置会发生周期性改变，但行星不发光，因而在地球上观测行星被太阳照亮的半球时会出现类似月亮圆缺的位相。

行星的位相与月相名称类似，其中主要的四相与月相的对应关系为：上合对应满月，下合对应新月，东大距对应上弦月，西大距对应下弦月。

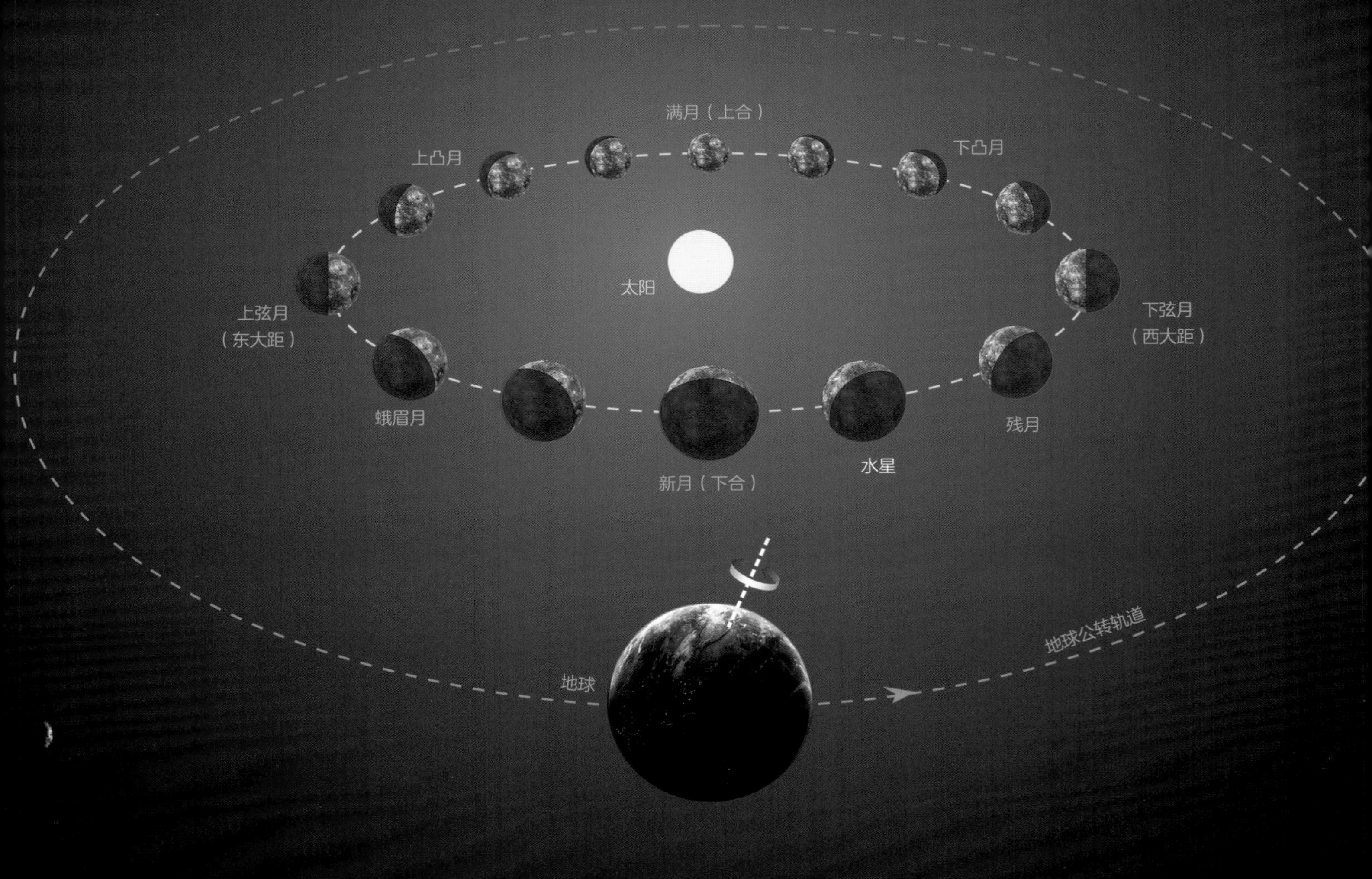

土星环的倾角变化

土星环与土星赤道面平行，由于土星赤道倾角为27°，土星绕太阳公转的周期为29.46年，因此土星环相对地球上的观测者来说，其在29.46年的变化周期里，倾角在上27°和下27°之间变化，因此每年观测的倾角都不同。当倾角为0°时，因光环厚度只有20米，故在地球上是观测不到光环的。

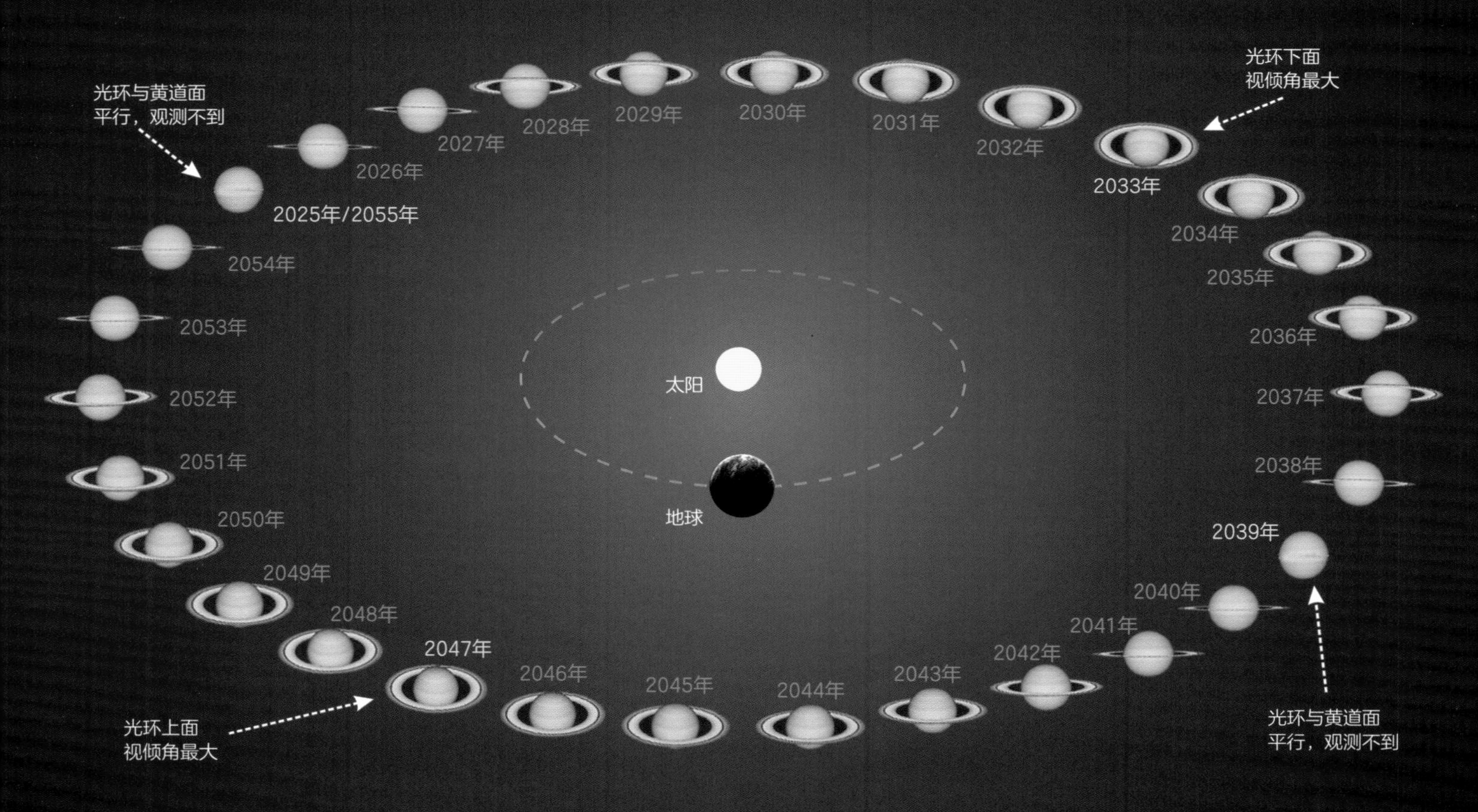

2025年，土星环的光环视倾角为0°，随后光环下面（南）的倾角逐年变大。2033年，土星环的光环视倾角最大，随后光环下面（南）的倾角逐年变小。2039年，土星环的光环视倾角为0°，随后光环上面（北）的倾角逐年变大。2047年，土星环的光环视倾角最大，随后光环上面（北）的倾角逐年变小。2055年，土星环的光环视倾角为0°。至此，土星完成了一个公转周期29.46年。在此期间，太阳直射土星南半球约13年8个月，直射北半球约15年9个月。

水星和金星是地内行星，在视运动过程中会产生合、凌、大距等天象。

行星的合

合是指行星运行到与太阳间的角距为0°的特定位置，此时太阳与行星同升同落。

地内行星有上合和下合。太阳处在行星与地球之间为上合，或从地球上看行星处在太阳的外侧，此时称为外合；而行星处在太阳与地球之间为下合，或从地球上看行星处在地球的内侧，此时称为内合。

上合，专用于地内行星；外合，用于地内行星和地外行星。合，专用于地外行星。

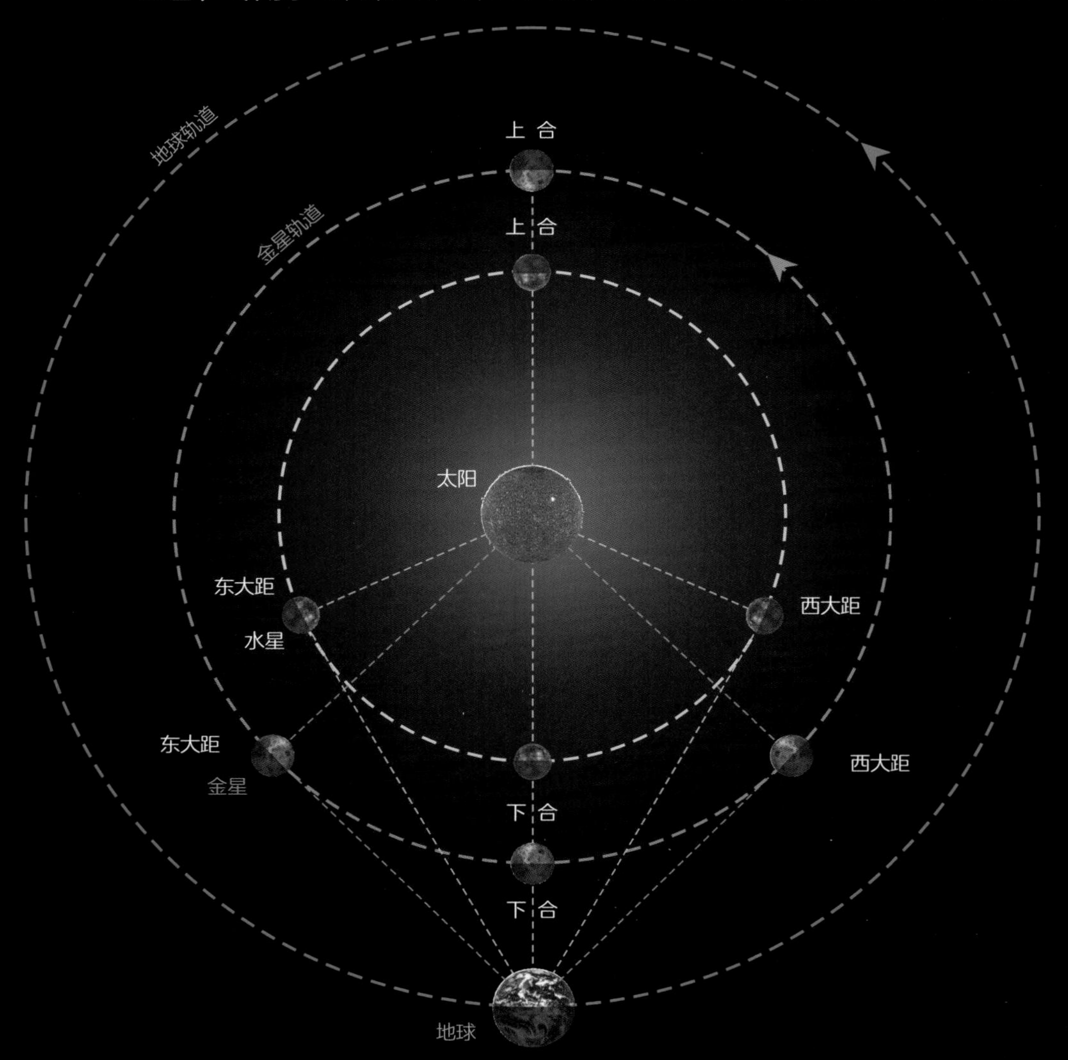

行星凌日

凌日是下合的一种特殊现象，是地内行星的圆面投影在太阳表面上的现象，即地球上可观测到太阳上出现黑点的现象。

行星大距

大距专指地内行星与太阳间角距的极大值，分为东大距和西大距。地内行星在太阳以东的大距为东大距，地内行星在太阳以西的大距为西大距。

火星、木星、土星、天王星和海王星是地外行星，在视运动中会产生合、冲、方照等天象。

行星的冲

冲是指从地球上看太阳与地外行星分列于地球两侧，角距为180°。此时行星在子夜上中天，或日落时行星东升，或日升时行星西落，称为“冲”。地内行星没有“冲”。“冲”发生在最接近地球的位置时为“大冲”。

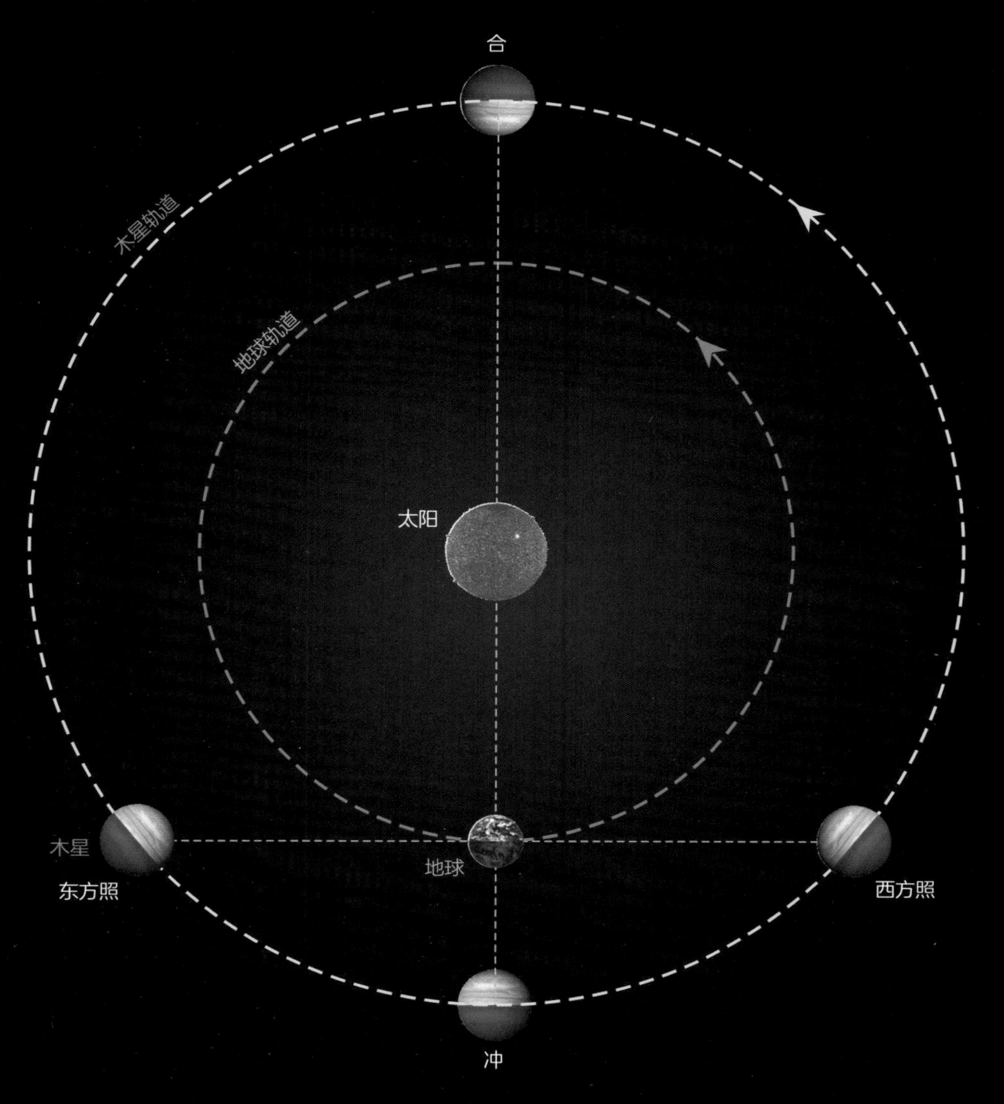

行星的方照

地外行星运行至与太阳间的角距为90°时的位置，即是方照。方照分为东方照和西方照。地内行星没有“方照”。

东方照

地外行星在太阳以东90°位置，此时太阳上中天，而地外行星刚从东方地平线升起。

西方照

地外行星在太阳以西90°位置，此时太阳上中天，而地外行星恰在西方地平线落下。

凌日观测视差

对于地球上不同位置的观测者来说，发生金星凌日时，都存在着视差。产生视差的原因有三：

一是同纬度不同地区的凌始、凌终有先后差别；

二是在不同半球观测入凌、出凌存在东西方向的相反的视差；

三是不同纬度地区凌日路径不同，因而产生视差。

金星凌日时，在地球上两个不同的地点同时观测金星穿越太阳表面所需的时间，由此算出太阳的视差，接着可以进一步推算得出准确的日地距离。

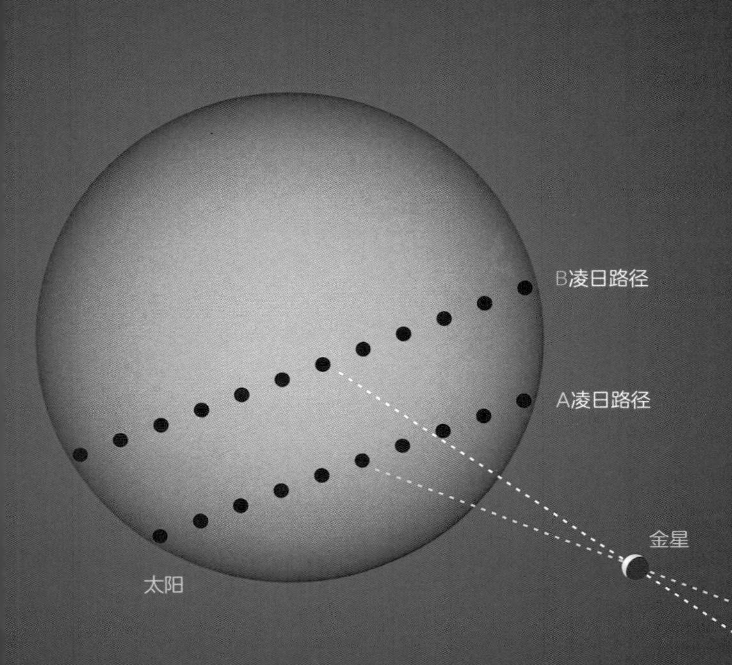

行星凌日有规律吗？

金星凌日一般发生在12月9日或6月7日前后。金星凌日的年份间隔规律为8年、105.5年、8年、121.5年，以此类推。

水星凌日必然发生在11月10日或5月8日前后，每百年平均发生13次。其中，发生在11月有9次，发生在5月有4次。

什么是行星的逆行?

行星逆行是指行星的轨迹看上去好像在天球恒星背景上出现逆轨道方向的移动。这是一种视觉现象，事实上行星并不是真的掉头逆行了。这是因地球和其他行星的公转周期不一致而造成的。

什么是行星的“留”？

行星顺行与逆行之间的转折点称为留。由顺行转变为逆行的瞬间称为顺留，由逆行转变为顺行的瞬间称为逆留。这两个“留”之间的行星走向为逆行。

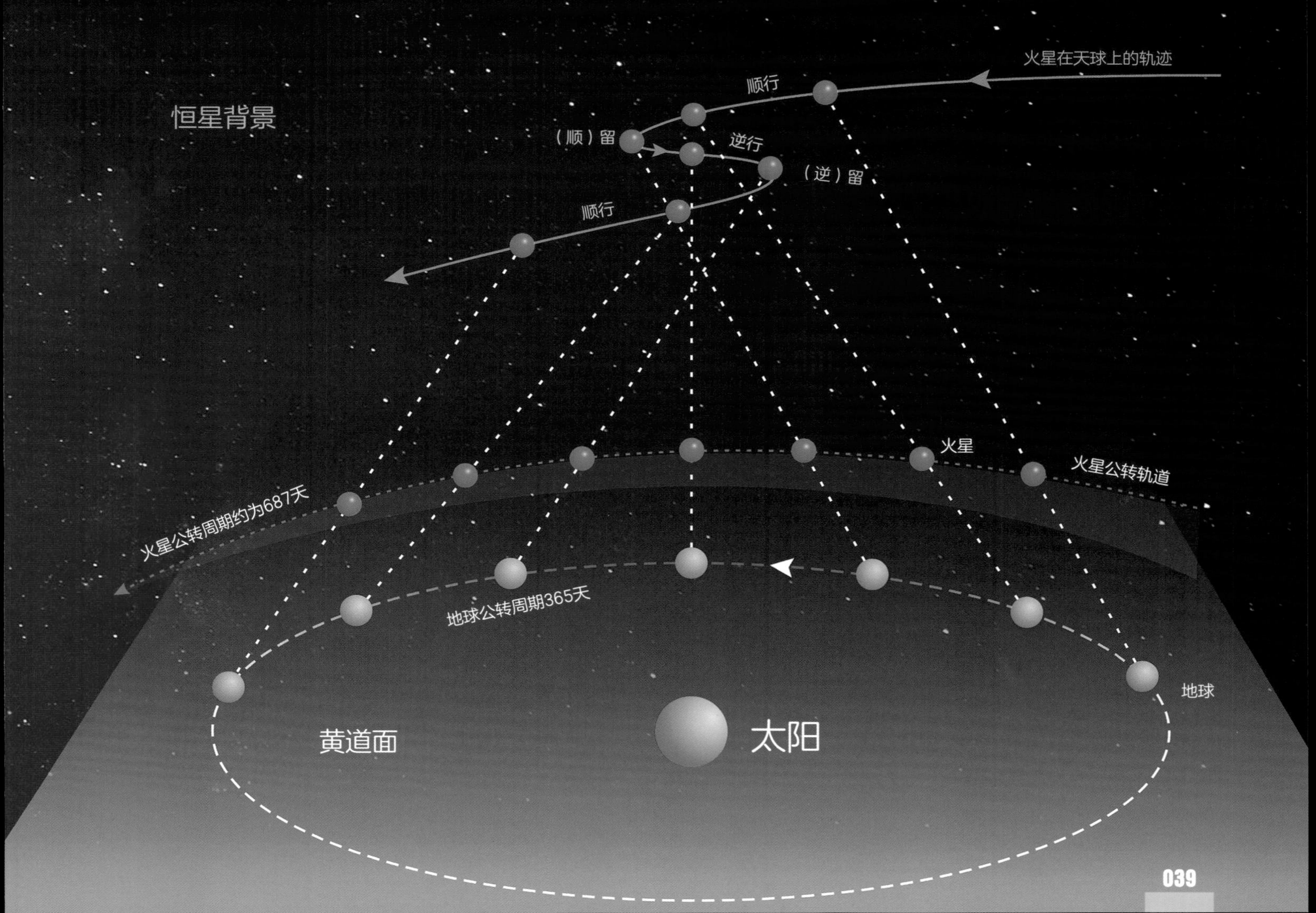

水星

水星——太阳系八大行星之一，是距离太阳最近的类地行星，它每公转2周的同时自转3圈。水星体积小，表面有稀薄的大气，多环形山，有较强的磁场。在中国古代，水星被称为辰星。

水星的数据

与日均距：57 909 050千米（0.38天文单位）

水星直径：4 878千米（地球的38%）

水星体积：6.083×10^{10}千米^3（地球的5.6%）

水星质量：$3.301\,1\times10^{23}$千克（地球的5.5%）

水星质量比重：5.43 克/厘米^3

水星温度：表面白天430℃，夜间-180℃

自转周期：59.64天

公转周期：88天

赤道倾角：0°

轨道倾角：7.01°

轨道偏心率：0.205 6

与日角距：小于28°

卫星数目：没有

金星

金星——太阳系八大行星之一，是距离太阳第二近的类地行星，自转慢于公转且运转方向相反。它是距离地球最近的大行星，地表有山脉、峡谷、大裂缝，大气层比地球大气层厚，没有磁场。中国古人晨时称它为启明，晚时称它为长庚。

金星的数据

与日均距：108 208 000千米（0.72天文单位）

金星直径：12 104千米（比地球小5%）

金星体积：$9.284\,3\times10^{11}$千米^3（地球的86.6%）

金星质量：$4.867\,5\times10^{24}$千克（地球的82%）

金星质量比重：5.24 克/厘米^3

金星温度：表面白天500℃，夜间465℃

自转周期：243.02天

公转周期：225天

赤道倾角：177°

轨道倾角：3.39°

轨道偏心率：0.006 8

卫星数目：没有

最亮星等：-4.9

地球

地球——太阳系八大行星之一，是有人类居住的岩质星球。它近似椭球体，是距离太阳第三远的岩质行星。内部由地壳、地幔和地核组成，地表由海洋和陆地组成，海洋面积占71%，陆地面积占29%。地球周围有大气圈和地球磁层。

地球的数据

日地均距：149 597 870.7千米

平均半径：6 371（赤道6 378，极6 357）千米

地表面积：510 072 000千米^2

地球体积：1.083×10^{12}千米^3

地球质量：5.97×10^{24}千克

地球质量比重：5.52 克/厘米^3

地表温度：平均15℃（最高58℃，最低-89℃）

自转周期：24小时

公转周期：365天

赤道倾角：23.5°

轨道倾角：0°

轨道偏心率：0.016 7

火星

火星——太阳系八大行星之一，是距离太阳第四远的类地行星。火星上也有四季，大气相当稀薄，表面有岩石、陨坑、火山和沙漠，还有河床、沟渠、水道和山谷流域等。从地球上看，火星表面为红色。中国古代称它为荧惑。

火星的数据

与日均距：2 279.392亿米（1.52天文单位）

赤道直径：6 794千米（地球的53%）

火星体积：$1.631\,8\times10^{11}$千米^3（地球的15.1%）

火星质量：$6.417\,1\times10^{23}$千克（地球的10.7%）

火星质量比重：3.93 克/厘米^3

火星温度：表面白天27℃，夜间-133℃

自转周期：24小时37分钟

公转周期：687天

赤道倾角：25°

轨道倾角：1.85°

轨道偏心率：0.093 4

卫星数目：2颗

木星

木星——太阳系八大行星之一，是距离太阳第五远的气体行星，它的体积和质量比其他七大行星的总和还大。它的自转速度是八大行星中最快的，大气中有明暗交错、平行于赤道的云带，有类似地球的磁层。中国古代称它为岁星。

木星的数据

与日均距：7 782.99亿米（5.2天文单位）

木星直径：142 984千米（地球的11.209倍）

木星体积：$1.431\ 3\times10^{15}$千米^3（地球的1 321倍）

木星质量：$1.898\ 6\times10^{27}$千克（地球的317.89倍）

木星质量比重：1.33 克/厘米^3

木星温度：平均-140℃

自转周期：9小时50分钟

公转周期：11.86年

赤道倾角：3°

轨道倾角：1.31°

轨道偏心率：0.048 3

卫星数目：95颗

土星

土星——太阳系八大行星之一，是距离太阳第六远的气体行星，它的自转速度较快，所以土星的形状较扁。土星的大气层很厚，有磁场和辐射带，在行星的光环中，土星光环的亮度最强。中国古代称它为镇星或填星。

土星的数据

与日均距：14 293.9亿米（9.54天文单位）

赤道直径：120 536千米（地球的9.45倍）

土星体积：$8.271\ 3\times10^{14}$千米^3（地球的764倍）

土星质量：$5.683\ 6\times10^{26}$千克（地球的69%）

土星质量比重：0.69 克/厘米^3（水的70%）

土星温度：表面白天-125℃，夜间-180℃

自转周期：10小时14分钟

公转周期：29.46年

赤道倾角：27°

轨道倾角：2.49°

轨道偏心率：0.055 6

卫星数目：146颗

天王星

天王星——太阳系八大行星之一，是距离太阳第七远的气体行星，肉眼几乎不可见。天王星的赤道倾角较大，几乎是横躺着围绕太阳公转和逆向自转。它的内部由冰和岩石构成，磁场略低于地球。

天王星的数据

与日均距：28 750.4亿米（19.22天文单位）

赤道直径：51 118千米（为地球的4.007倍）

天王星体积：6.833×10^{13}千米^3（地球的63倍）

天王星质量：8.681×10^{25}千克（地球的14.54倍）

天王星质量比重：1.27 克/厘米^3

天王星温度：表面白天-216℃，夜间-224℃

自转周期：17小时14分钟

公转周期：84.01年

赤道倾角：98°

轨道倾角：0.77°

轨道偏心率：0.046 4

卫星数目：28颗

海王星

海王星——太阳系八大行星之一，是距离太阳最远的气体行星，它是通过天体物理学计算被找到的行星。它的亮度很低，肉眼不可见，内部大气中甲烷含量高，因此呈蓝色。它的磁场类似天王星。

海王星的数据

与日均距：45 044.5亿米（30.06天文单位）

赤道直径：49 528千米（地球的3.9倍）

海王星体积：6.254×10^{13}千米^3（地球的58倍）

海王星质量：$1.024\,3\times10^{26}$千克（地球的17.2倍）

海王星质量比重：1.64克/厘米^3

海王星温度：表面白天-190℃，夜间-218℃

自转周期：16小时06分钟

公转周期：164.82年

赤道倾角：28.3°

轨道倾角：1.77°

轨道偏心率：0.009 5

卫星数目：16颗

行星的视大小

火星、木星和土星从“东方照”到“冲”，视直径逐渐变大，冲时视直径最大，此后视直径逐渐变小。轨道距地球越近，视直径变化越明显。

木星直径是火星直径的21.04倍，土星直径是火星直径的17.74倍，从地球上看，木星远于火星，土星又远于木星。因此，木星的视直径比火星只大一倍多，土星的视直径与火星接近。其他几个天体的视直径为：水星约10″，天王星约3″，海王星约2″，太阳31′~33′，月球29′~33′。

卫星、流星、彗星观测

什么是卫星？

卫星是指围绕行星、矮行星或小行星等天体并按闭合轨道做周期性运行的天然天体。卫星不会发光，它们围绕着主星并随主星绕恒星运转。

卫星的观测

至今太阳系已被发现的卫星有约288颗，其中月球是我们可肉眼观测到的地球卫星，在晴好的夜空我们甚至可肉眼看到木星的卫星。借助望远镜，木星和土星的卫星相对容易被观测到。

木星的卫星

卫星是如何形成的?

行星形成初期，原始星胚形成了一个转动的扁平星云盘，星云盘的中部形成了行星，星云盘的外部则形成了卫星。此外，有些卫星也可能是被行星的引力所捕获的过路小天体。

卫星是如何分类的?

卫星按轨道特点，可分为规则卫星和不规则卫星两种，也称顺行卫星和逆行卫星。

规则卫星 轨道近似圆、倾角较小，与主星同向旋转且距主星较近的卫星。

不规则卫星 轨道偏心率大、倾角大，有时甚至会反向旋转，位置远离主星的卫星。已发现的不规则卫星多环绕着木星、土星、天王星和海王星运转。

卫星的形成

八大行星的主要卫星

水星0颗
金星0颗
地球1颗
月球
火星2颗
火卫一
火卫二
木星95颗
木卫一
木卫二
木卫三
木卫四
土星146颗
土卫一
土卫二
土卫三
土卫四
土卫五
土卫六
土卫七
土卫八
土卫九
天王星28颗
天卫一
天卫二
天卫三
天卫四
天卫五
海王星16颗
海卫一
海卫二
海卫八

木掩木卫

木掩木卫是指从地球上观看，木星的卫星运行到了木星的后面的现象，即木星遮挡了自己的卫星。需要利用望远镜才能够看到这一天象。

木卫凌木

木卫凌木是指从地球上观看，木星的卫星运行到了木星的前面的现象，即木卫遮挡了木星。需要利用望远镜才能够看到这一天象。

卫影凌木

卫影凌木是指从地球上观看，卫星的影子落到了木星的表面的现象，即木星表面有个卫星的圆黑影。需要利用望远镜才能够看到这一天象。

行星环

行星环是指围绕行星运转，由众多小物体组成，靠反射太阳光而发亮的物质环。目前已知木星、土星、天王星和海王星都有行星环。

行星环的成因

1. 卫星被行星的引潮力所瓦解；
2. 太阳系演化初期所残留的原始物质不能凝聚成卫星；
3. 位于洛希极限内的较大天体被其他天体撞击变成碎块。

洛希极限

洛希极限指某天体与其邻近天体之间的最小可能距离。卫星近于这一距离时，在行星潮汐作用下将被解体而不能形成卫星。

太阳系的行星环

1610年伽利略首先发现了土星环，1977年天王星被发现有行星环，1979年木星也被发现有行星环，1984年海王星行星环也被发现。目前，太阳系里的岩质行星都没有被发现有行星环，而气体行星都被发现有行星环。

木星环 沿木星赤道面围绕木星运行的环状物，由主环、薄纱环和内晕组成。

土星环 沿土星赤道面围绕土星运行的环状物。它初期被发现时有七环，后来陆续发现更多的环，分外环、中环和内环及卡西尼环缝和恩克环缝。

天王星环 沿天王星赤道面围绕天王星运行的环状物。天王星环几乎垂直于公转轨道面，由初期发现时的九环到目前发现了有十几个环。

海王星环 环绕海王星旋转的物质盘。它被发现有5个完整的环带，外侧是2个较亮的窄环，内侧是2个较暗的弥漫环。

岩质行星与卫星的大小

太阳系中的类地行星、部分矮行星、一些卫星均为由硅酸盐组成的岩质天体。其中，最大的岩质行星是地球，而木星的木卫三和土星的土卫六两颗卫星居然比八大行星之一的水星还大。

什么是流星？

流星是行星际空间的尘粒和固体块（流星体）“闯”入地球大气圈时同大气摩擦、燃烧产生的光迹。

流星是如何产生的？

流星体原是围绕太阳运动的，在经过地球附近时，受地球引力的作用，改变了轨道进入地球大气圈而产生了流星；或是由彗星尾迹的物质“闯”入地球大气圈而产生的。

流星体的大小相差很大，绝大多数流星体因太小会在大气层内被摩擦、燃烧、销毁；极少部分较大的流星体进入地球大气圈后未完全燃烧而降落于地球表面，被称为陨星。如果降落到地球的陨星直径在10千米以上，其造成的破坏将会使地球上的所有生物灭绝。

什么是火流星？

火流星是较大的流星体与地球大气层剧烈摩擦所产生的耀眼光亮的现象。火流星的亮度划破天际，可以使物体投下暗影，并会留下云雾状的长带，有的火流星还伴有音爆甚至有剧烈的爆炸声。

辐射点

什么是流星雨?

流星雨是指许多流星从夜空中一个点（辐射点）向外辐射出来的天文现象。

每小时一颗流星的流量就可以称为流星雨；每小时上千颗流星的流量称为“流星暴”。

流星雨流量

流星雨流量是指在流星雨观测中，在观测环境最佳的情况下，每小时所能看到的流星数量。

10个著名流星雨的日流量图

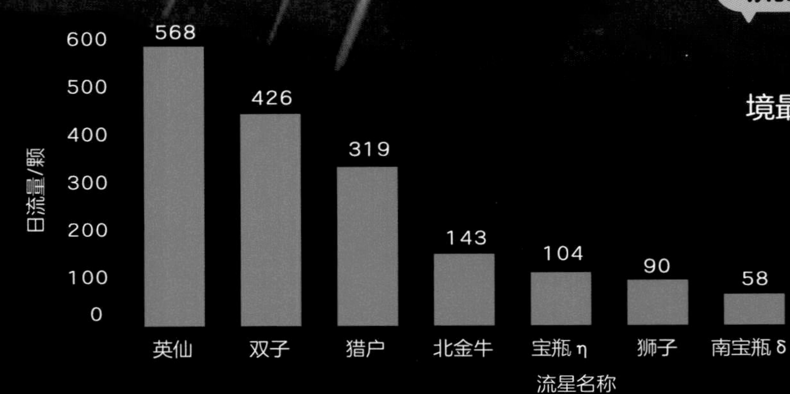

流星雨是如何形成的?

流星雨发源于彗星。彗星进入太阳系，靠近太阳时冰气融化，尘埃颗粒被喷出彗星母体，并布满了彗星轨道。当地球穿过这些尘埃颗粒带时就会发生流星雨。

流星雨的命名

每年地球都会在相似的日期穿过众多彗星轨道上留下的尘埃颗粒，便会产生周期性流星雨。周期性流星雨以其辐射点所在的星座命名。

观测流星雨时的注意事项

1. 了解周期性流星雨发生的时间和位置；
2. 选择适合观测的黑暗环境和空旷地；
3. 辐射点高度角相对低时，观测效果会更好；
4. 如果拍摄流星雨，不要将辐射点放在视场中央。

什么是彗星?

彗星是指进入太阳系后亮度和形状会随着与太阳的距离变化而变化的绕日运动的天体，其外貌呈云雾状，形状像扫帚，中国古代俗称其为扫帚星。

彗星的结构和成分

彗星体分为彗头和彗尾两部分，整个均被彗云包围着。彗头由彗核、彗发构成。彗核是彗头的主要部分，主要由岩石、水冰、二氧化碳、氨、甲烷等及少量的复杂有机物组成。

尘埃彗尾

离子彗尾

彗头

太阳

彗星为什么有尾巴?

由于彗星的主要成分是水冰，当彗星接近太阳时，彗星物质蒸发，在冰核周围形成朦胧的彗发和由稀薄物质流构成的两条彗尾，一条是由灰尘组成的黄色尘埃彗尾，另一条是由气体组成的蓝色离子彗尾。由于受太阳风的压力作用，离子彗尾总是指向背离太阳的方向，形成一条长长的尾巴，而尘埃彗尾则尾随彗头在轨道上移动。

彗星的形态是随着距离太阳的远近而变化的，距离太阳越近，彗尾越长；反之，彗尾越短，甚至没有彗尾。

彗星是从哪来的?

彗星的来源是多渠道的。一般认为，在太阳系外缘有一个包围着太阳系、布满冰块的奥尔特云球层，那里约有数千亿颗冰块。由于受到其他恒星引力的影响，部分冰块进入太阳系内部，变成了我们看到的彗星。还有人认为，彗星是来自柯伊伯带或来自太阳系外的星际物质。

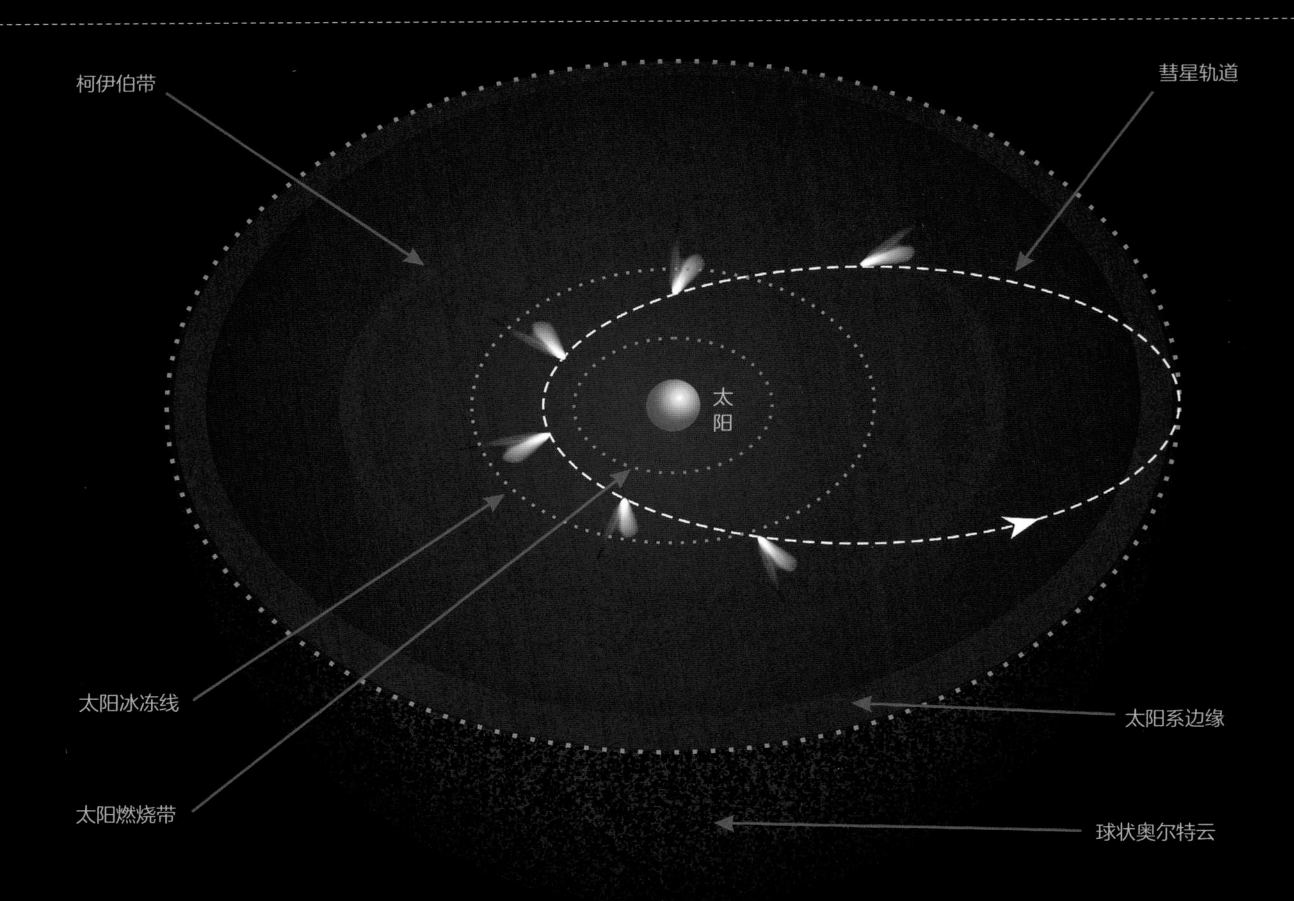

彗星的运行轨道

多数彗星的运行轨道为抛物线或双曲线，少数为椭圆。彗星的轨道可能会受到行星引力的影响而产生变化，从而使彗星脱离太阳系，或由长周期彗星变为短周期彗星，或从非周期彗星变成周期彗星。流星和彗星没有必然联系，但流星大都是由彗星在运行轨道上留下的尾迹所产生的。

彗星是如何分类的?

进入太阳系的彗星，由于受大行星引力的影响，一部分逃出了太阳系，再也不会回到太阳系，成为非周期彗星；另一部分被太阳系引力“捕获”，成为周期彗星。周期彗星又分短周期彗星和长周期彗星。

周期彗星

周期彗星是指轨道椭圆，绕太阳公转的彗星。绕太阳公转周期短于200年的为短周期彗星，公转周期超过200年的为长周期彗星。

非周期彗星

非周期彗星的轨道为抛物线或双曲线，终生接近太阳，一旦离去就永不复返。

彗星会发光吗?

彗星本身不发光，我们之所以能够看到彗星，一是彗星受太阳风冲击所产生的荧光现象，二是彗星体反射了太阳光。

彗星的彗头较亮，离子彗尾窄且长直，尘埃彗尾宽且弯曲。彗星的亮度是随着距离太阳的远近而变化的，距离太阳越近，亮度越大。

彗星是如何命名的?

彗星通常以发现者的名字来命名，但有少数以其轨道计算者的名字来命名。

彗星是如何编号的?

1995年起，国际天文联合会采用以半个月为单位，按英文字母顺序排列的新彗星编号法。按照除了I和Z以外的24个英文字母的顺序和日期排列，如1月份上半月为A，1月份下半月为B，以此类推至12月下半月为Y；再以1、2、3等数字序号编排同一个半月内所发现的彗星。

为方便识别彗星的状况，在编号前加上了标记：

A是小行星；

P是确认回归1次以上的短周期彗星，P的前面再加上周期彗星总表编号；

C可能是长周期彗星；

X是尚未算出轨道根数的彗星；

D是不再回归或可能已消失了的彗星；

S是新发现的行星的卫星。

如果彗星破碎分裂成3个以上的彗核，则在编号后加上“-A”“-B”等以区分每个彗核。

回归彗星方面，如彗星再次被观测到回归时，则在P（或可能是D）前加上一个由IAU小行星中心给定的序号，以避免该彗星回归时被重新标记。

彗星的观测

目前已知的回归彗星有5 200多颗，每年可以观测到的有20多颗。其中绝大多数彗星都不够明亮，只是一个模糊的光点，甚至肉眼观测不到。即便是明亮的彗星，由于回归周期较长，有幸观测到的概率也非常小。

具体观测方法：

1. 了解彗星出现的时间、方位、地平高度、位于哪个星座、辐射点等信息；
2. 肉眼观测，选择一个较好的观测地点，抓住彗星接近太阳的时间段观测，因为彗星越接近太阳，彗尾越长，光度越大，色彩越分明；
3. 使用双筒望远镜观测彗星的颜色、两条彗尾的形状和方向；
4. 使用大型的望远镜可以观测到彗星各个部位更多的细节，诸如彗核、彗发、喷流，等等。

深空天体观测

什么是深空天体？

深空天体是指除太阳系天体和恒星之外的天体。深空天体是视面天体，但由于非常遥远，肉眼能够观测到的为数不多。

深空天体的分类

深空天体主要指星云、星团和星系。这些天体有大有小、有远有近、有明有暗，是天文爱好者观测的重要目标。

深空天体是如何命名的？

按天文学惯例，通常以某一星表的数字序号来为深空天体命名，最常见的名称来自M、NGC和IC三个星表。其中，M星表是指法国天文学家梅西叶于1874年发表的梅西叶星云星团表；NGC是丹麦天文学家德雷尔于1888年刊布的星云星团新总表的简称；后来，德雷尔又分别于1895年和1908年对NGC进行了增补，称为星云星团新总表续编（简称IC）。

三角座星系（M33）

银河系

马头星云

什么是星系？

星系是由几十亿至几千亿颗恒星以及星际气体和尘埃物质构成的，并且空间范围有几千至几十万光年之大的天体系统。太阳系所在的银河系就是一个星系。

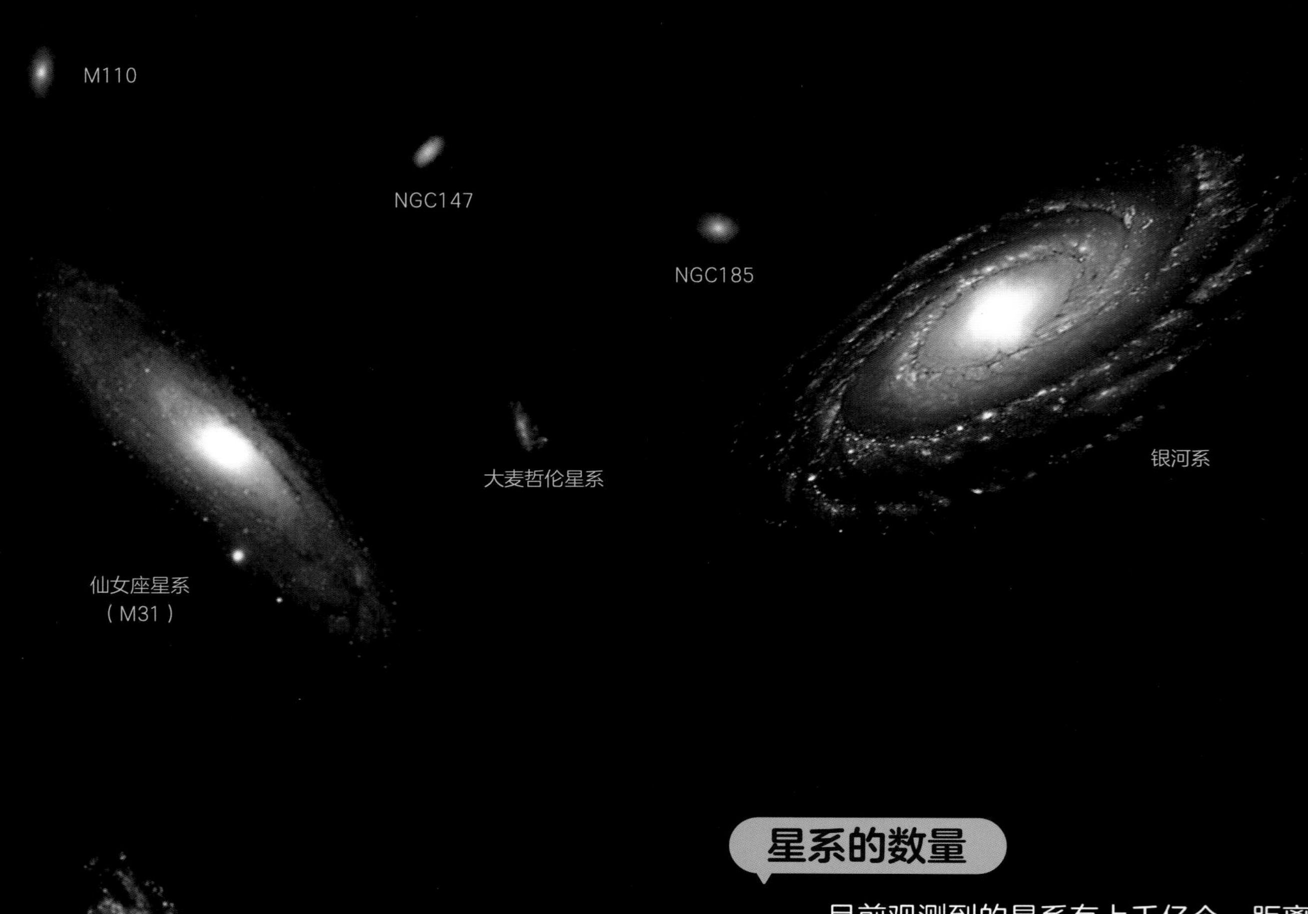

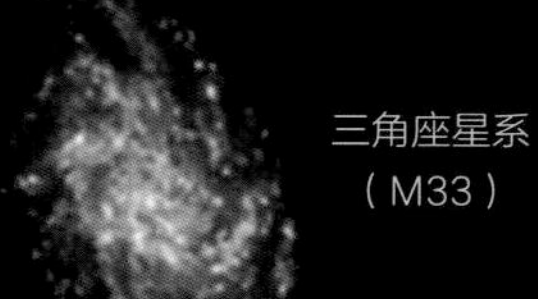

星系的数量

目前观测到的星系有上千亿个，距离比较近的星系约有1 500个，其中本星系群内星系有50多个。肉眼明显可见的星系主要有仙女座星系、大麦哲伦星系和小麦哲伦星系。

星系的大小

星系的大小差异很大，直径从几万光年到数百万光年不等。有些星系只由几百万颗恒星组成，而有些星系由几百亿甚至上万亿颗恒星组成。

银河系与几个星系的直径比较

银河系直径：10万光年

仙女座星系直径：22万光年

秃鹰星系（NGC6872）
直径：52.2万光年

Malin1星系直径：65万光年

NGC4889星系直径：83.2万光年

UGC2885星系直径：130万光年

IC1101星系直径：550万光年

星系是如何分类的？

哈勃星系分类 美国天文学家哈勃对星系做了大量观测，提出了按星系形态划分星系的分类系统。经过不断完善，他完成了著名的哈勃分类，这是目前天文学领域广泛应用的一种星系分类法。按该分类法星系主要分为椭圆星系、旋涡星系、棒旋星系、透镜星系和不规则星系。

椭圆星系 指外形呈球形或椭球形的一种星系，其中心亮，边缘渐暗，有恒星密集的核心，外围有许多球状星团。

透镜星系 指在哈勃星系分类中介于椭圆星系和旋涡星系之间的星系。

旋涡星系 指占星系总数的80%，核心较圆，从核心处延伸出两条或多条旋臂的星系。每个旋涡星系的旋臂缠的松紧程度略有差异。

不规则星系 指不存在核球，也没有旋臂结构，形状奇特，没有对称性，质量很小，由巨星、超巨星、气体星云、疏散星团、大量气体和尘埃组成的星系。

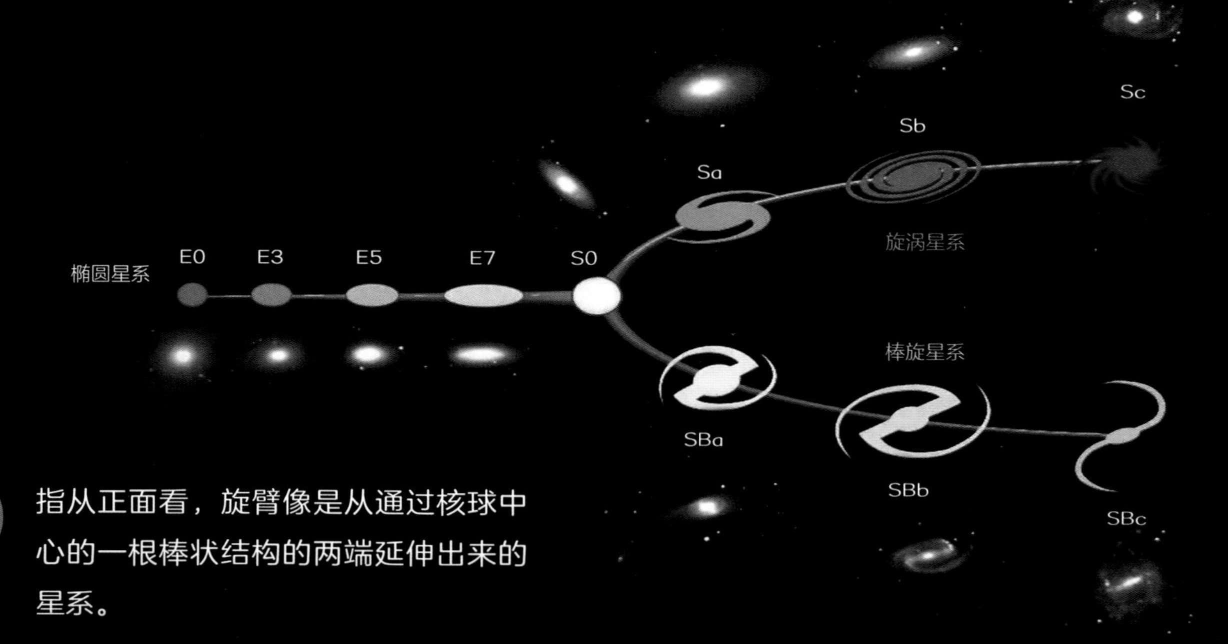

棒旋星系 指从正面看，旋臂像是从通过核球中心的一根棒状结构的两端延伸出来的星系。

目前最流行的观点认为，宇宙是由一次大爆炸形成的，宇宙在膨胀中形成了星系。

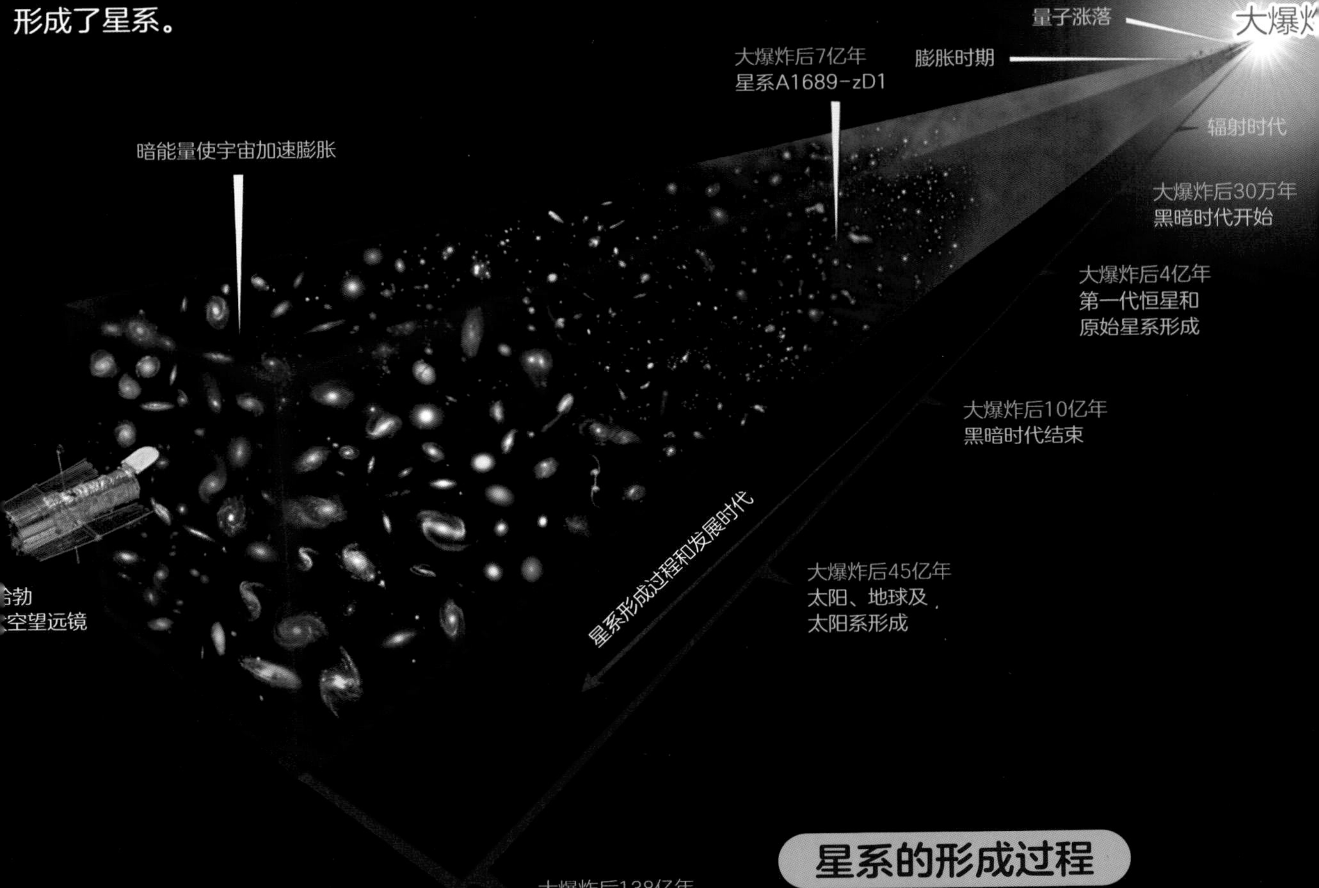

星系的形成过程

宇宙在大爆炸后不到万分之一秒时间里，经历了一个急速膨胀的过程。后的138亿年里，先后经历了辐射时代黑暗时代、第一代恒星和原始星系形成恒星及其行星和星系发展时代。

什么是星云?

星云是指由星际气体和尘埃聚集而成的云雾状天体，主要构成成分是氢，其次是氦，还含有一定例的金属元素等物质。

星云是如何分类的?

按发光性质可分为发射星云、反射星云和暗星云。

按形态可分为弥漫星云、行星状星云、超新星爆发后残剩的物质云等。

发射星云

受附近高温恒星紫外辐射激发而发。著名的发射星云有麟座玫瑰星云。

反射星云

具有吸收光谱的特征，星云散射或反射其里面或近旁的亮星的光而发光，故称反射星云。著名的反射星云有昴星团星云、仙王座星云。

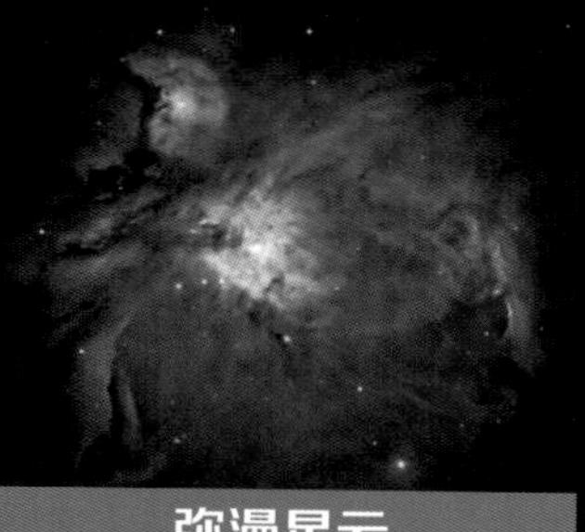

弥漫星云

由气体和尘埃组成，形状不规则，呈漫散状，无明显边界，大小从几光年至几十光年不等。有亮星云和暗星云两种。

行星状星云

由稀薄的电离体组成。恒星在演化期留下一个热的暴露核，外边围绕着由喷气体组成的发光壳层，形状如行星。著名的星状星云有狐狸座中哑铃星云。

什么是星团?

星团是指由十几颗至千万颗恒星组成，有共同起源，相互之间有较强力学联系的天体集团。星团可分为疏散星团和球状星团两大类。

什么是疏散星团?

疏散星团结构松散，外形不规则，用天文望远镜可以辨认出各个单星。疏散星团一般包含十几颗到几千颗恒星，距离地球远近也不等，绝大部分分布在银道面附近，大多是在近几百万年内诞生的。同一个星团的成员有着相似的空间运动速度。

疏散星团

什么是球状星团?

球状星团结构致密，中心较密集，外形呈圆球或椭球形。球状星团一般包括几万颗到几百万颗恒星，平均密度比太阳附近的恒星密度大50多倍。其中心密度更大，是恒星密度的上千倍。

银河系内已发现150多个球状星团，同时在其他星系也有发现。半人马座的ω是全天最亮的球状星团，北天球最亮的是武仙座球状星团（M13）。

球状星团

什么是梅西叶天体？

梅西叶天体是指由18世纪法国天文学家梅西叶所编写的星云星团表中列出的103个天体，后人增至110个。它是星云、星团和星系中最为壮观美丽的天体，表中所列的天体亮度大多都在10等以内，用小型天文望远镜就可以观测到。梅西叶天体一直受到广大天文爱好者的喜爱，成为观测和拍摄的首选。

梅西叶天体的分布

110个梅西叶天体分布在35个星座内，其中人马座内的梅西叶天体有15个之多。其他梅西叶天体较多的星座分别是室女座11个、后发座8个、蛇夫座7个、大熊座7个、猎犬座5个、狮子座5个、天蝎座4个，而其他53个星座内没有梅西叶天体。

肉眼能够看到的梅西叶天体

多数梅西叶天体都比较暗淡。下列的梅西叶天体可以用肉眼观测到，但其中多数观测条件极其苛刻，只有在符合没光污染、没空气污染、视力及夜视能力培养等条件下才能实现观测。

M2	M3	M4	M5	M6	M7	M8	M11	M13	M15	M16	M17
M20	M21	M22	M24	M25	M31	M33	M34	M35	M36	M37	M39
M41	M42	M44	M45	M46	M47	M48	M50	M55	M67	M92	M93

什么是NGC天体？

NGC天体是指1880年由丹麦德雷尔汇总而成的星云和星团新总表内的天体，共有7 840个。它包括了除暗星云以外几乎所有类型的深空天体。NGC包含了几乎所有梅西叶天体。

什么是IC星表？

IC星表，又称索引星表，是以NGC星表为基础的拓展和续编表。星表增添了5 386个天体，有IC Ⅰ和IC Ⅱ两份。

仙女座星系
M31（NGC224）

肉眼观测星系

我们肉眼能够看到的星系主要有3个。

一个是仙女座星系，是人类肉眼能够看到的最大星系，距离我们约254万光年，比银河系大1倍。仙女座星系的视面积很大，约为满月的7倍，亮度4.8等，边缘暗淡模糊，中间明亮些，是一个比月亮还要小的光斑。

另外两个肉眼能观测到的星系就是大麦哲伦星系和小麦哲伦星系，均位于南天球，只有在南半球才能够看到。大麦哲伦星系距离我们约16万光年，视星等为0.9等。小麦伦星系距离我们约20万光年，视星等为2.7等。

仙女座星系

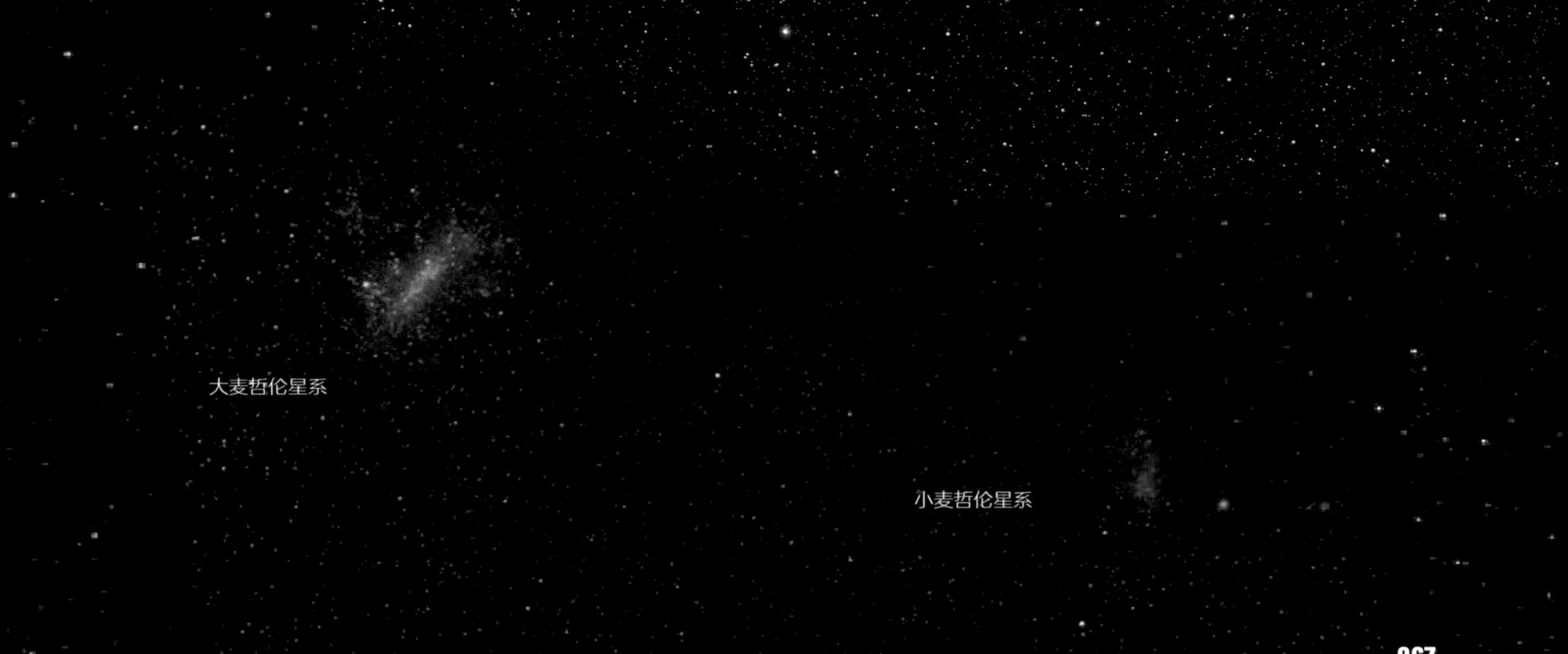

大麦哲伦星系

小麦哲伦星系

利用望远镜观测星系

与一些深空天体不同，星系很难看清，因为距离我们太过遥远，它们的光很散，而且细节往往很模糊。除了少数几个星系外，它们看起来又小又暗。解决办法就是选择大口径望远镜进行观测。

除了用高倍望远镜外，我们在观测星系时还要有足够的耐心，以及选择好的场地和环境。同时，使用滤光片会有更好的观测效果。

肉眼能够观测到的星团

下面这些星团虽距离我们数万亿千米，但用肉眼就能观测到。星团是一大群恒星，其成员通过相互之间的引力吸引结合在一起。星系则不同，星系虽是受引力束缚的恒星群，但要比星团大上万倍。

毕宿超级星团

英仙α星团

昴星团

后发星团

南天七姐妹星团

船帆座o星团

许愿井星团

托勒玫星团

蜂巢星团

半人马ω星团

杜鹃座47

蝴蝶星团

南十字κ星团

英仙双星团

小蜂巢星团

昴星团的观测

在金牛座的一个牛角上，很容易找到北半天球最明亮的疏散星团——昴星团，其梅西叶天体编号为M45，是二十八宿中的昴宿，因此得名“昴星团”。用肉眼就可以分辨出星团中至少7颗5等以上的亮星，因此也被称为七姐妹星团。昴星团中远不止7颗星，它的成员有好几百颗恒星，明亮的恒星会将周围的尘埃和气体映出美丽的蓝色。星团角直径将近2°，比满月要大得多。

使用普通的望远镜观测昴星团就可以得到很好的效果，它也是深空天体摄影中的初级拍摄目标。

昴星团

肉眼观测星云

星云是稀薄气体和尘埃构成的天体，也是宇宙中最美丽的天体。不过，在地球上如果不借助天文望远镜，单凭人类的肉眼只能够看到3个星云。

这3个星云，一个是猎户座大星云，位于猎户座；一个是船底座星云，位于南半球的天空上，在北半球观测不到；还有一个是礁湖星云，位于南天人马座。肉眼能够看到礁湖星云说明观测者眼睛的视力较好。

猎户座大星云

船底座星云

礁湖星云

马头星云的观测

马头星云是非常著名的深空天体之一，它位于猎户座ζ星（参宿一）的左下处，最佳观测时间是12月和1月。

如何用望远镜观测星云？

1. 选择大口径望远镜；
2. 培养眼睛适应黑暗的能力；
3. 学会使用滤光片；
4. 准备一份星图或天文软件；
5. 选择视宁度好的天气。

什么是星座？

古人根据星星的位置把星空划分成星群，不同文明的国家对星空的划分和命名方式各不相同。

西方人把星空分为若干个区域，每个区域内的星群组成一个星座。

中国古人把星空划分为三垣四象，即紫微垣、太微垣、天市垣这三个区和二十八宿。

西方星座有多少个？

公元150年，埃及科学家托勒玫列出了包括黄道12个星座在内的48个星座，在他之后星座陆陆续续增加。1922年，国际天文联合会最后确认全天划分为88个星座。其中，北天星座28个，南天星座47个，黄道星座13个。

星座是如何命名的？

西方人根据每个星座中一些亮星连线组成的图形，配以神话故事，冠以不同的星座名称，采用拉丁语标注，并将名称简化为3个拉丁字母。

88个星座的名称中，14个用人名，9个用雀鸟名，2个用昆虫名，29个用水陆动物名，34个用神话异兽及器具名来命名。多数星座亮星连线的形状与它们的名称不匹配。

星座是如何划界的?

每个星座的界限均用平行于天球上的赤经圈和赤纬圈的弧线来划分，但划分的星座大小、形状各不相同。

北天星座位置

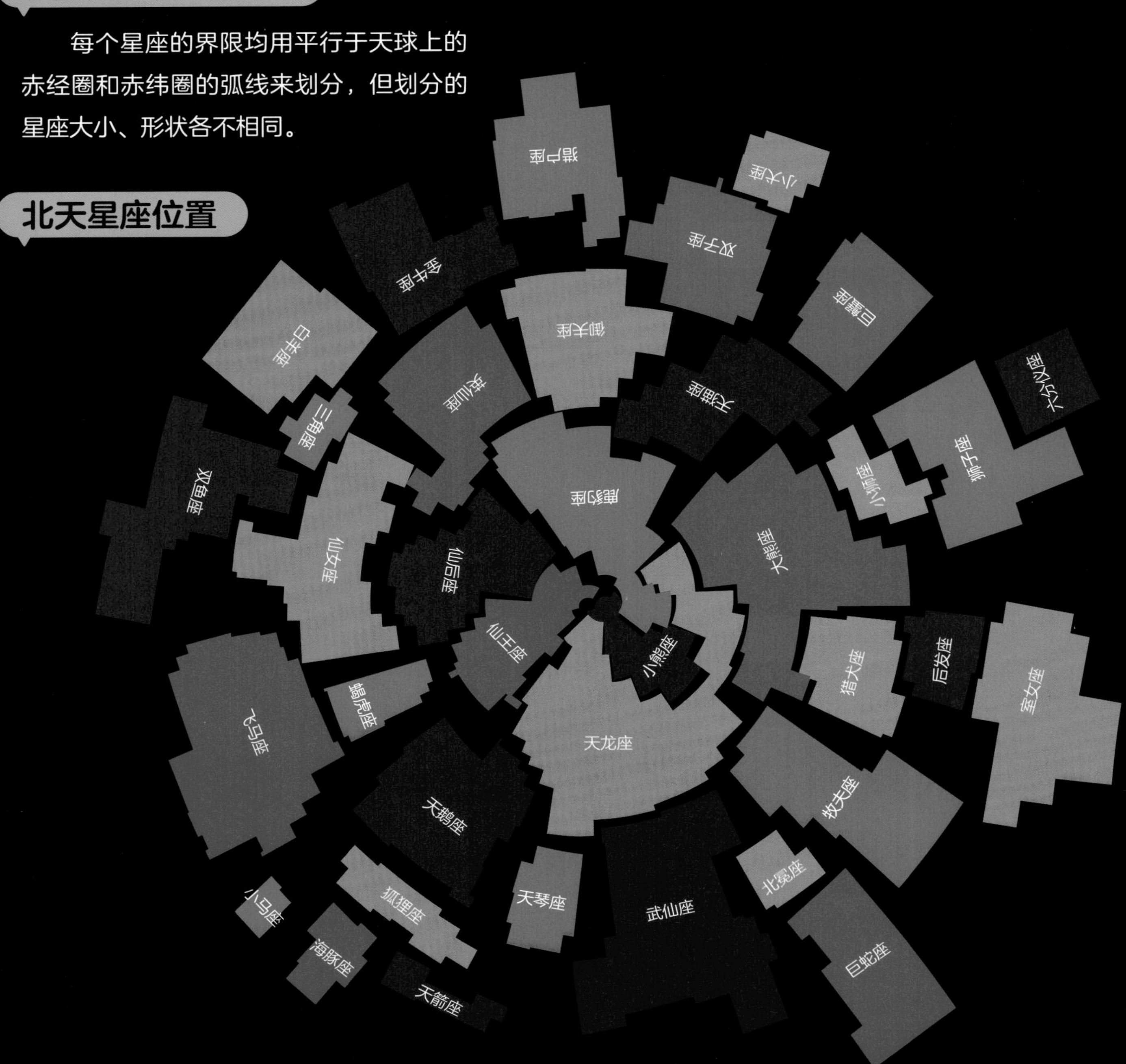

南天星座位置

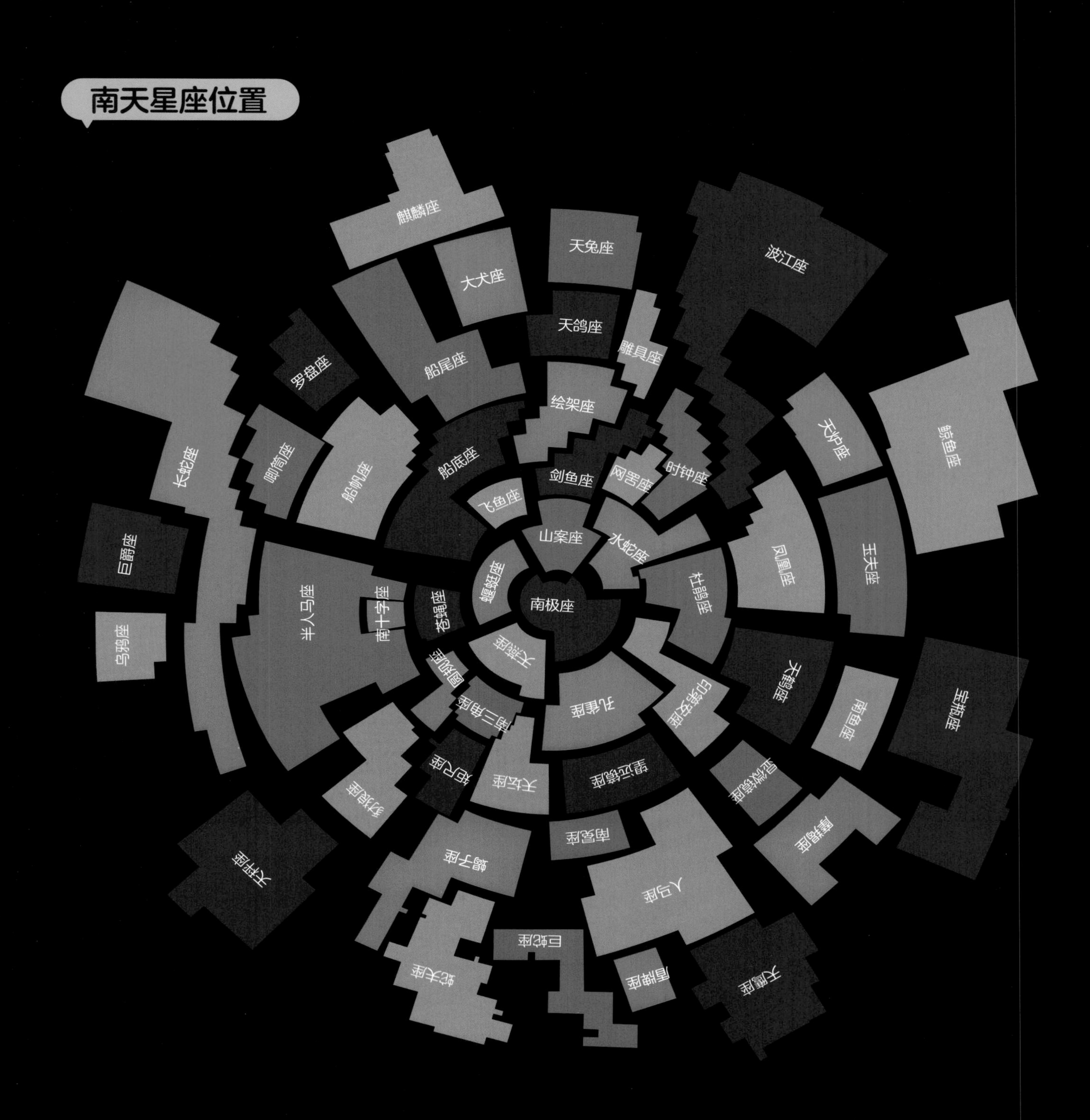

麒麟座
天兔座
波江座
大犬座
天鸽座
雕具座
罗盘座
船尾座
长蛇座
绘架座
天炉座
鲸鱼座
唧筒座
船帆座
船底座
剑鱼座
网罟座
时钟座
飞鱼座
山案座
水蛇座
凤凰座
玉夫座
巨爵座
蝘蜓座
南极座
杜鹃座
半人马座
南十字座
苍蝇座
乌鸦座
天燕座
天鹤座
宝瓶座
圆规座
印第安座
南鱼座
南三角座
孔雀座
矩尺座
天坛座
望远镜座
显微镜座
豺狼座
摩羯座
天秤座
南冕座
蝎子座
人马座
巨蛇座
盾牌座
蛇夫座
天鹰座

中国古人对星空的划分

中国古人把夏夜星空划分为紫微垣、太微垣、天市垣三片星空，称为三垣；将日、月、五行经过的星群分为四象，每象七宿，共二十八宿。

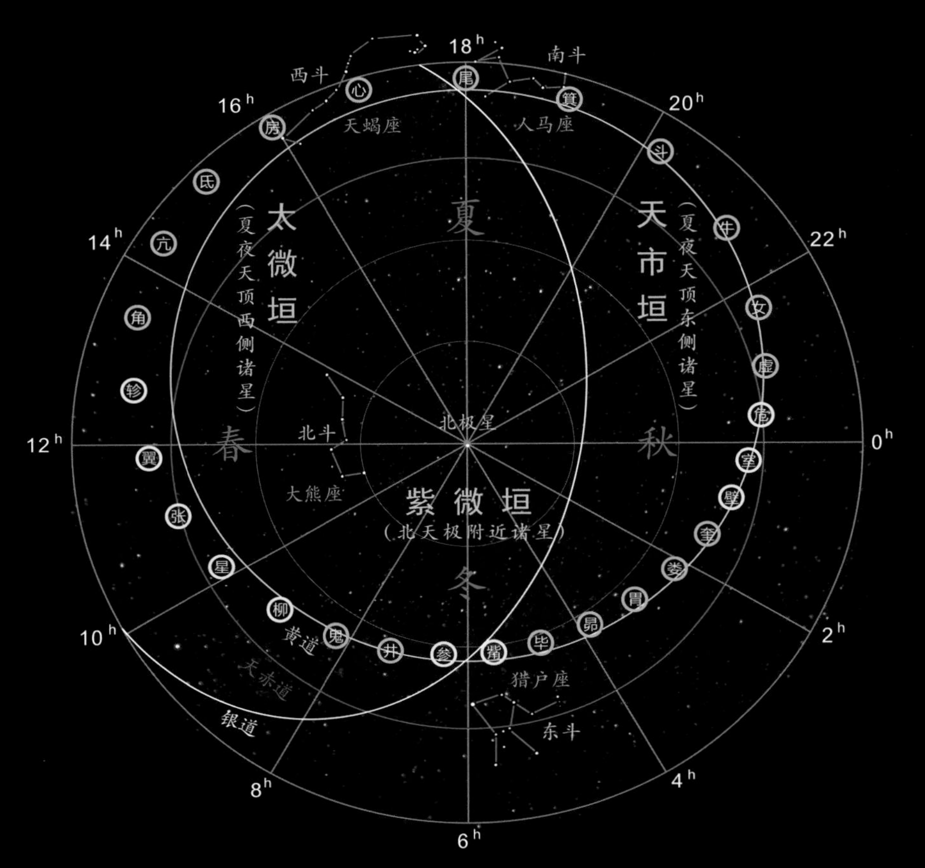

什么是三垣？

紫微垣 北天极附近诸星，为黄河流域的拱极星区。

天市垣 夏夜天顶东侧诸星，大概为蛇夫座、巨蛇座、天鹰座、武仙座、北冕座等天区。

太微垣 夏夜天顶西侧诸星，大概为狮子座、后发座、室女座、猎犬座等天区。

什么是四斗？

中国古人观测星空，把几个特殊星群分别称为北斗、南斗、东斗和西斗。

北斗

指北方天空排列成斗形的七颗亮星，七颗星的名称分别是天枢、天璇、天玑、天权、玉衡、开阳、摇光。根据北斗星可找到北极星，故又称指极星。北斗七星在大熊座内。

南斗

指夏夜南方天空排列成扣斗形的六颗亮星，六颗亮星的古称是令星、阴星、善星、福星、印星、将星。南斗六星在人马座内。

东斗

指冬夜参宿的三颗亮星，俗称三星，在猎户座内。

西斗

指夏夜心宿的三颗亮星，在天蝎座内。

西方星座

西方的星座是指星空的某一区域及区域内的所有星体，而中国的星宿是指某一群星。中国的二十八星宿与西方的黄道十二星座的区域基本重合。

中国星宿与西方星座的区别

中国古人将天上的星星分成不同的星群，叫星宿。他们认为，太阳、月亮和五行在自西向东的运动中，要在天空的二十八个天区驻留，所以称为二十八宿，每宿包含数个星宫。

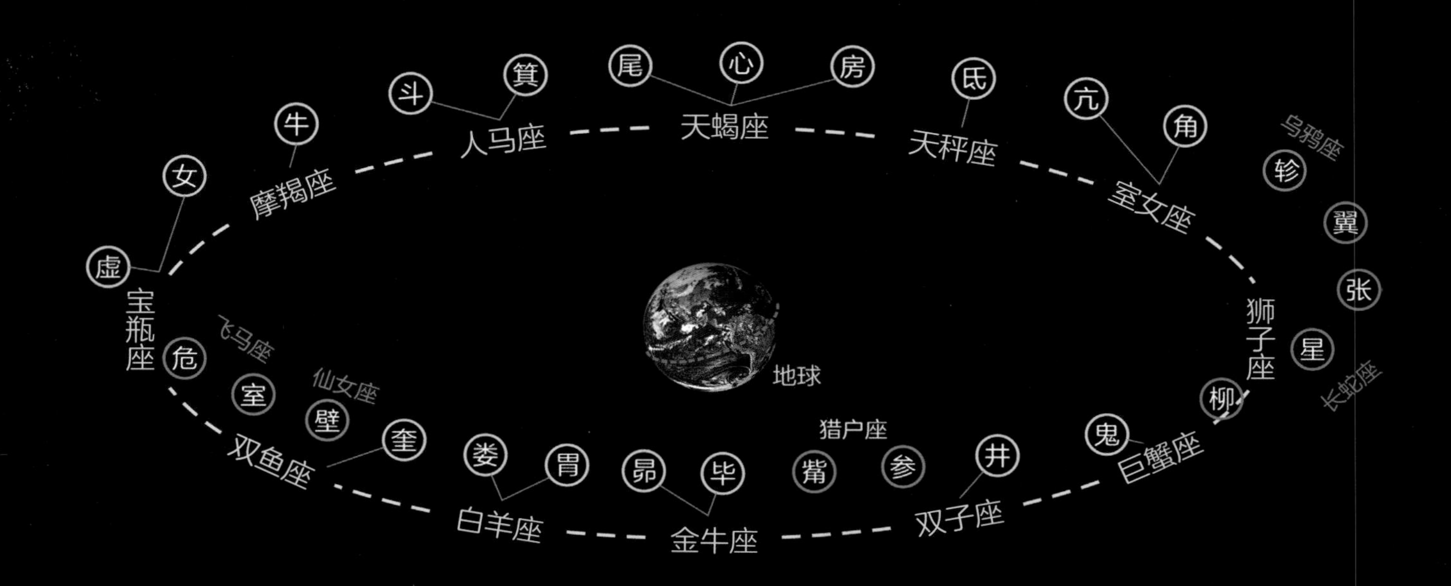

二十八宿的来源

中国古人发现月球在天上运行一圈大约需要28天，据此把黄道和白道经过的星空中的恒星划分为二十八星组，月球每晚在其中的一个星组内“住宿”，便形成了二十八星宿体系。每个星宿又包含若干个星宫。因此，中国的二十八星宿是黄道和白道附近的星区，而西方十二星宫则是黄道上的星座。

什么是四象？

中国远古星宿信仰中的青龙、白虎、朱雀、玄武，分别代表东、西、南、北四个方向上的群星，称为四象。东宫青龙代表春，西宫白虎代表秋，南宫朱雀代表夏，北宫玄武代表冬。

东宫青龙

四象之一。青龙原代表中国古老神话中的东方之神，而东方七宿的角、亢、氐、房、心、尾、箕，其形像龙，东方属木，色青，故称青龙。

南宫朱雀

四象之一。朱雀原代表中国古代神话中的南方之神，而南方七宿的井、鬼、柳、星、张、翼、轸，其形像鸟，南方属火，色赤，故称朱雀。

西宫白虎

四象之一。白虎原代表中国古老神话中的西方之神，而西方七宿的奎、娄、胃、昴、毕、觜、参，其形像虎，西方属金，色白，故称白虎。

北宫玄武

四象之一。玄武原代表中国古老神话中的北方之神，而北方七宿的斗、牛、女、虚、危、室、壁，其形像龟，也称龟蛇合体，因北方属水，色玄（黑），故称玄武。

什么是二十八宿？

二十八宿是指四象中东宫、南宫、西宫、北宫分别代表的二十八组星群。

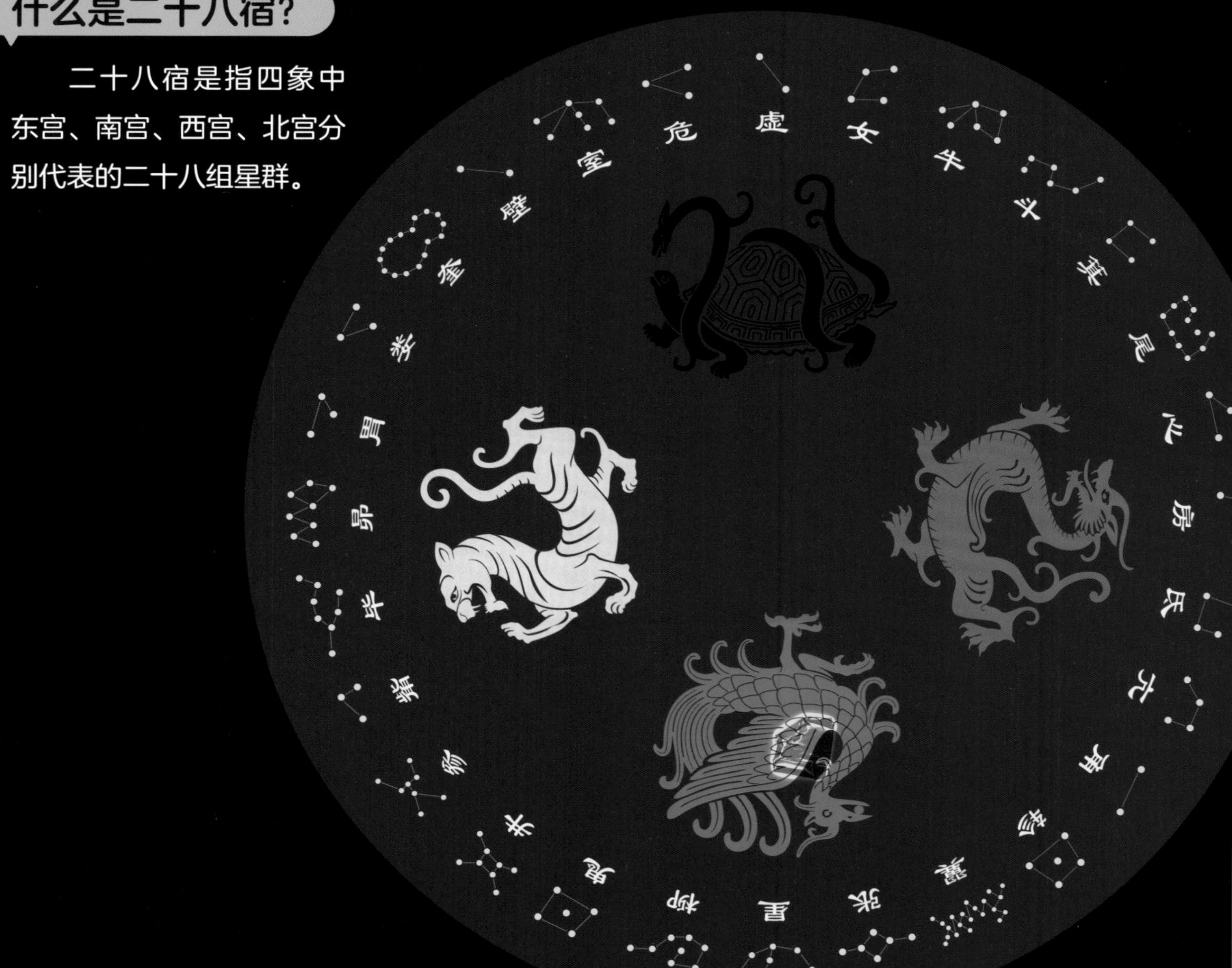

东宫青龙代表的七宿为：角、亢、氐、房、心、尾、箕；
西宫白虎代表的七宿为：奎、娄、胃、昴、毕、觜、参；
南宫朱雀代表的七宿为：井、鬼、柳、星、张、翼、轸；
北宫玄武代表的七宿为：斗、牛、女、虚、危、室、壁。

什么是十二星宫？

在88个星座中，有12个星座是太阳“经过”的星座，被称为黄道十二星宫。太阳进入某个星座，就是星座日期的开始，太阳走出这个星座，就是星座日期的结束。

黄道上只有十二个星座吗？

黄道上实际有13个星座，而且太阳经过这些星座的实际日期与传统的十二星宫日期也不相同。

摩羯座　1月19日—2月15日
宝瓶座　2月16日—3月11日
双鱼座　3月12日—4月18日
白羊座　4月19日—5月13日
金牛座　5月14日—6月19日
双子座　6月20日—7月20日
巨蟹座　7月21日—8月9日
狮子座　8月10日—9月15日
室女座　9月16日—10月30日
天秤座　10月31日—11月22日
天蝎座　11月23日—11月29日
蛇夫座　11月30日—12月17日
人马座　12月18日—1月18日

二十八宿的生肖

中国二十八宿对应28种动物形象，图中红色为十二生肖。

黄色为黄道星宿，白色为非黄道星宿。

十二星宫想象图

星宿的周年视运动

中国二十八星宿，是日、月、五行周年视运动“留宿”的星区。

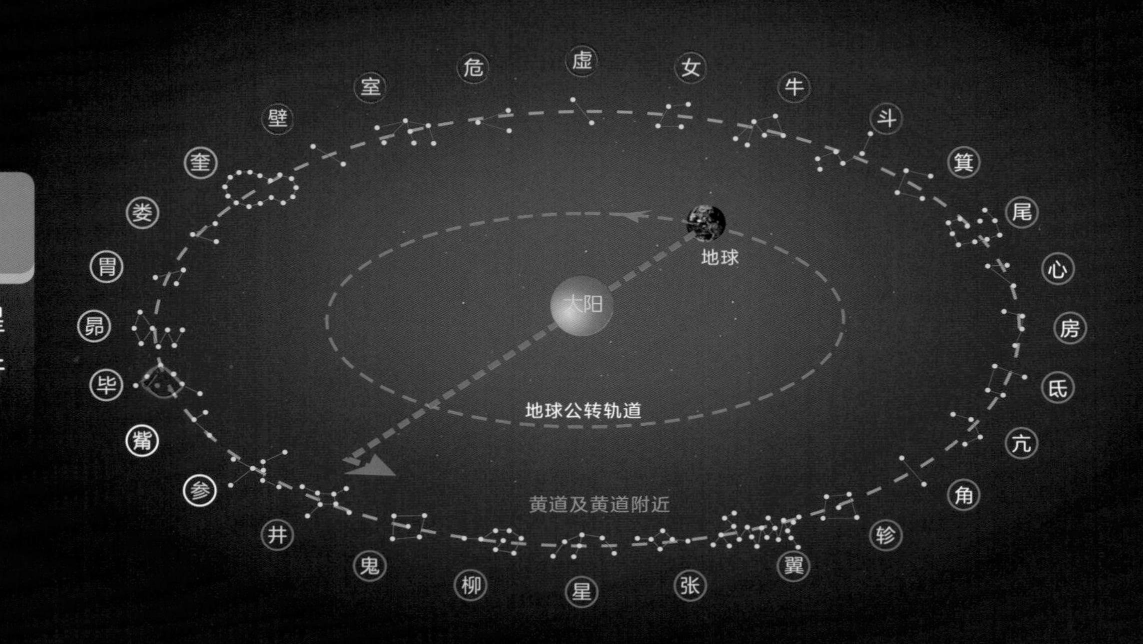

星宫的周年视运动

黄道十二星宫日期是太阳视运动进入星宫的日期，此时在地球上观测不到该星宫，是由于该星宫正掩于太阳之后。

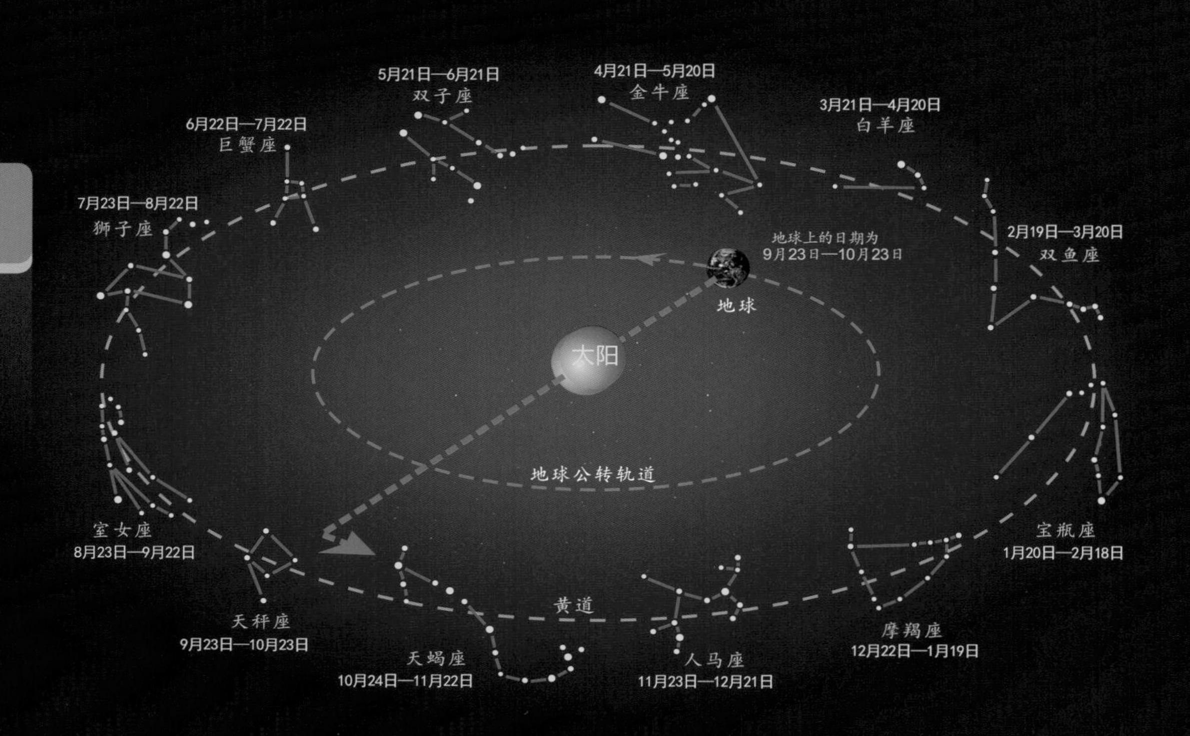

附录

全天星座（一）

拉丁语名称	标准缩写	中文名称	面积排名	占全天面积/%	赤纬范围（北~南）		赤经范围（西~东）	
Andromeda	And	仙女座	19	1.751	+53°	+21°	$22^h 56^m$	$2^h 36^m$
Antlia	Ant	唧筒座	62	0.579	−24°	−40°	$9^h 25^m$	$11^h 03^m$
Apus	Aps	天燕座	67	0.500	−67°	−83°	$13^h 46^m$	$18^h 17^m$
Aquarius	Aqr	宝瓶座	10	2.375	+3°	−25°	$20^h 36^m$	$23^h 54^m$
Aquila	Aql	天鹰座	22	1.582	+19°	−12°	$18^h 38^m$	$20^h 36^m$
Ara	Ara	天坛座	63	0.575	−45°	−68°	$16^h 31^m$	$18^h 06^m$
Aries	Ari	白羊座	39	1.070	+31°	+10°	$1^h 44^m$	$3^h 27^m$
Auriga	Aur	御夫座	21	1.594	+56°	+28°	$4^h 35^m$	$7^h 27^m$
Bootes	Boo	牧夫座	13	2.198	+55°	+7°	$13^h 33^m$	$15^h 47^m$
Caelum	Cae	雕具座	81	0.303	−27°	−49°	$4^h 18^m$	$5^h 03^m$
Cameloparadlis	Cam	鹿豹座	18	1.835	+85°	+53°	$3^h 11^m$	$14^h 25^m$
Cancer	Cnc	巨蟹座	31	1.226	+33°	+7°	$7^h 53^m$	$9^h 19^m$
Canes Venatici	CVn	猎犬座	38	1.128	+53°	+28°	$12^h 04^m$	$14^h 25^m$
Canis Major	CMa	大犬座	43	0.921	−11°	−33°	$6^h 09^m$	$7^h 26^m$
Canis Minor	CMi	小犬座	71	0.445	+13°	0°	$7^h 04^m$	$8^h 09^m$
Capricornus	Cap	摩羯座	40	1.003	−8°	−28°	$20^h 04^m$	$21^h 57^m$
Carina	Car	船底座	34	1.198	−51°	−75°	$6^h 02^m$	$11^h 18^m$
Cassiopeia	Cas	仙后座	25	1.451	+78°	+46°	$22^h 56^m$	$3^h 36^m$
Centaurus	Cen	半人马座	9	2.571	−30°	−65°	$11^h 03^m$	$14^h 59^m$
Cepheus	Cep	仙王座	27	1.425	+89°	+51°	$20^h 01^m$	$8^h 30^m$
Cetus	Cet	鲸鱼座	4	2.985	+10°	−25°	$23^h 55^m$	$3^h 21^m$
Chamaeleon	Cha	蝘蜓座	79	0.319	−75°	−83°	$7^h 32^m$	$13^h 48^m$
Circinus	Cir	圆规座	85	0.226	−54°	−70°	$13^h 35^m$	$15^h 26^m$
Columba	Col	天鸽座	54	0.655	−27°	−43°	$5^h 03^m$	$6^h 28^m$
Coma Berenices	Com	后发座	42	0.937	+34°	+13°	$11^h 57^m$	$13^h 33^m$
Corona Austrina	CrA	南冕座	80	0.310	−37°	−46°	$17^h 55^m$	$19^h 15^m$
Corona Borealis	CrB	北冕座	73	0.433	+40°	+26°	$15^h 14^m$	$16^h 22^m$
Corvus	Crv	乌鸦座	70	0.446	−11°	−25°	$11^h 54^m$	$12^h 54^m$
Crater	Crt	巨爵座	53	0.685	−6°	−25°	$10^h 48^m$	$11^h 54^m$

全天星座（二）

拉丁语名称	标准缩写	中文名称	面积排名	占全天面积/%	赤纬范围（北~南）		赤经范围（西~东）	
Crux	Cru	南十字座	88	0.166	−55°	−65°	$11^h 53^m$	$12^h 55^m$
Cygnus	Cyg	天鹅座	16	1.949	+61°	+28°	$19^h 07^m$	$22^h 01^m$
Delphinus	Del	海豚座	69	0.457	+21°	+2°	$20^h 13^m$	$21^h 06^m$
Dorado	Dor	剑鱼座	72	0.434	−49°	−70°	$3^h 52^m$	$6^h 36^m$
Draco	Dra	天龙座	8	2.625	+86°	+48°	$9^h 18^m$	$21^h 00^m$
Equuleus	Equ	小马座	87	0.174	+13°	+2°	$20^h 54^m$	$21^h 23^m$
Eridanus	Eri	波江座	6	2.758	0°	−58°	$1^h 22^m$	$5^h 09^m$
Fornax	For	天炉座	41	0.964	−24°	−40°	$1^h 44^m$	$3^h 48^m$
Gemini	Gem	双子座	30	1.245	+35°	+10°	$5^h 57^m$	$8^h 06^m$
Grus	Gru	天鹤座	45	0.886	−37°	−57°	$21^h 25^m$	$23^h 25^m$
Hercules	Her	武仙座	5	2.970	+51°	+4°	$15^h 47^m$	$18^h 56^m$
Horologium	Hor	时钟座	58	0.603	−40°	−67°	$2^h 12^m$	$4^h 18^m$
Hydra	Hya	长蛇座	1	3.158	+7°	−35°	$8^h 08^m$	$14^h 58^m$
Hydrus	Hyi	水蛇座	61	0.589	−58°	−82°	$0^h 02^m$	$4^h 33^m$
Indus	Ind	印第安座	49	0.713	−45°	−75°	$20^h 25^m$	$23^h 25^m$
Lacerta	Lac	蝎虎座	68	0.487	+57°	+35°	$21^h 55^m$	$22^h 56^m$
Leo	Leo	狮子座	12	2.296	+33°	−6°	$9^h 18^m$	$11^h 56^m$
Leo Minor	LMi	小狮座	64	0.562	+42°	+23°	$4^h 54^m$	$11^h 04^m$
Lepus	Lep	天兔座	51	0.704	−11°	−27°	$4^h 54^m$	$6^h 09^m$
Libra	Lib	天秤座	29	1.304	0°	−30°	$14^h 18^m$	$15^h 59^m$
Lupus	Lup	豺狼座	46	0.809	−30°	−55°	$14^h 13^m$	$16^h 05^m$
Lynx	Lyn	天猫座	28	1.322	+62°	+33°	$6^h 13^m$	$9^h 40^m$
Lyra	Lyr	天琴座	52	0.694	+48°	+25°	$18^h 12^m$	$19^h 26^m$
Mensa	Men	山案座	75	0.372	−70°	−85°	$3^h 20^m$	$7^h 37^m$
Microscopium	Mic	显微镜座	66	0.508	−28°	−45°	$20^h 25^m$	$21^h 25^m$
Monoceros	Mon	麒麟座	35	1.167	+12°	−11°	$5^h 54^m$	$8^h 08^m$
Musca	Mus	苍蝇座	77	0.335	−64°	−75°	$11^h 17^m$	$13^h 46^m$
Norma	Nor	矩尺座	74	0.401	−42°	−60°	$15^h 25^m$	$16^h 31^m$
Octans	Oct	南极座	50	0.706	−75°	−90°	0^h	24^h
Ophiuchus	Oph	蛇夫座	11	2.299	+14°	−30°	$15^h 18^m$	$18^h 42^m$

全天星座（三）

拉丁语名称	标准缩写	中文名称	面积排名	占全天面积/%	赤纬范围（北~南）		赤经范围（西~东）	
Orion	Ori	猎户座	26	1.440	+23°	-11°	$4^h 41^m$	$6^h 23^m$
Pavo	Pav	孔雀座	44	0.916	-57°	-75°	$17^h 37^m$	$31^h 30^m$
Pegasus	Peg	飞马座	7	2.717	+36°	+2°	$21^h 06^m$	$0^h 13^m$
Perseus	Per	英仙座	24	1.491	+59°	+31°	$1^h 26^m$	$4^h 46^m$
Phoenix	Phe	凤凰座	37	1.138	-40°	-58°	$23^h 24^m$	$2^h 24^m$
Pictor	Pic	绘架座	59	0.598	-43°	-64°	$4^h 32^m$	$6^h 51^m$
Pisces	Psc	双鱼座	14	2.156	+33°	-7°	$22^h 49^m$	$2^h 04^m$
Piscis Austrinus	PsA	南鱼座	60	0.595	-25°	-37°	$21^h 25^m$	$23^h 04^m$
Puppis	Pup	船尾座	20	1.633	-11°	-51°	$6^h 02^m$	$8^h 26^m$
Pyxis	Pyx	罗盘座	65	0.535	-17°	-37°	$8^h 26^m$	$9^h 26^m$
Reticulum	Ret	网罟座	82	0.276	-53°	-67°	$3^h 14^m$	$4^h 35^m$
Sagitta	Sge	天箭座	86	0.194	+21°	+16°	$18^h 56^m$	$20^h 18^m$
Sagittarius	Sgr	人马座	15	2.103	-12°	-45°	$17^h 41^m$	$20^h 25^m$
Scorpius	Sco	天蝎座	33	1.204	-8°	-46°	$15^h 44^m$	$17^h 55^m$
sculptor	Scl	玉夫座	36	1.151	-25°	-40°	$23^h 04^m$	$1^h 44^m$
Scutum	Sct	盾牌座	84	0.265	-4°	-16°	$18^h 18^m$	$18^h 56^m$
Serpens	Ser	巨蛇座	23	1.544	+26°	-16°	$14^h 55^m$	$18^h 56^m$
Sextans	Sex	六分仪座	47	0.760	+7°	-11°	$9^h 39^m$	$10^h 49^m$
Taurus	Tau	金牛座	17	1.933	+31°	0°	$3^h 20^m$	$5^h 58^m$
Telescopium	Tel	望远镜座	57	0.610	-45°	-57°	$18^h 06^m$	$20^h 26^m$
Triangulum	Tri	三角座	78	0.320	+37°	+25°	$1^h 29^m$	$2^h 48^m$
Triangulum Australe	TrA	南三角座	83	0.276	-60°	-70°	$14^h 50^m$	$17^h 09^m$
Tucana	Tuc	杜鹃座	48	0.714	-57°	-76°	$22^h 05^m$	$1^h 22^m$
Ursa Major	UMa	大熊座	3	3.102	+73°	+29°	$8^h 05^m$	$14^h 27^m$
Ursa Minor	UMi	小熊座	56	0.620	+90°	+65°	0^h	24^h
Vela	Vel	船帆座	32	1.211	-37°	-57°	$8^h 02^m$	$11^h 24^m$
Virgo	Vir	室女座	2	3.138	+14°	-22°	$11^h 35^m$	$15^h 08^m$
Volans	Vol	飞鱼座	76	0.343	-64°	-75°	$6^h 35^m$	$9^h 02^m$
Vulpecula	Vul	狐狸座	55	0.650	+29°	+19°	$18^h 56^m$	$21^h 28^m$

梅西叶星团星云图（一）

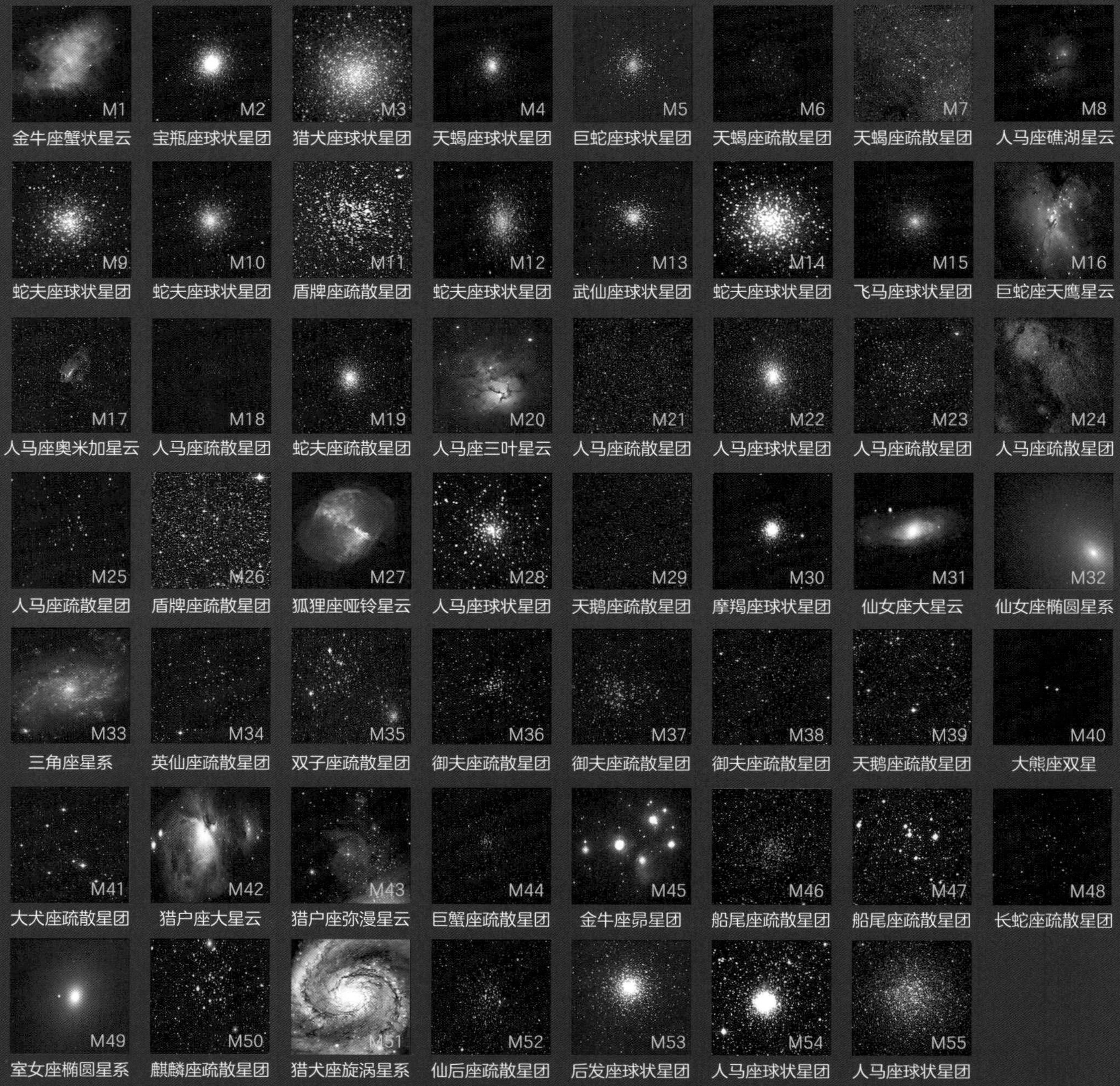

M1 金牛座蟹状星云
M2 宝瓶座球状星团
M3 猎犬座球状星团
M4 天蝎座球状星团
M5 巨蛇座球状星团
M6 天蝎座疏散星团
M7 天蝎座疏散星团
M8 人马座礁湖星云

M9 蛇夫座球状星团
M10 蛇夫座球状星团
M11 盾牌座疏散星团
M12 蛇夫座球状星团
M13 武仙座球状星团
M14 蛇夫座球状星团
M15 飞马座球状星团
M16 巨蛇座天鹰星云

M17 人马座奥米加星云
M18 人马座疏散星团
M19 蛇夫座疏散星团
M20 人马座三叶星云
M21 人马座疏散星团
M22 人马座球状星团
M23 人马座疏散星团
M24 人马座疏散星团

M25 人马座疏散星团
M26 盾牌座疏散星团
M27 狐狸座哑铃星云
M28 人马座球状星团
M29 天鹅座疏散星团
M30 摩羯座球状星团
M31 仙女座大星云
M32 仙女座椭圆星系

M33 三角座星系
M34 英仙座疏散星团
M35 双子座疏散星团
M36 御夫座疏散星团
M37 御夫座疏散星团
M38 御夫座疏散星团
M39 天鹅座疏散星团
M40 大熊座双星

M41 大犬座疏散星团
M42 猎户座大星云
M43 猎户座弥漫星云
M44 巨蟹座疏散星团
M45 金牛座昴星团
M46 船尾座疏散星团
M47 船尾座疏散星团
M48 长蛇座疏散星团

M49 室女座椭圆星系
M50 麒麟座疏散星团
M51 猎犬座旋涡星系
M52 仙后座疏散星团
M53 后发座球状星团
M54 人马座球状星团
M55 人马座球状星团

梅西叶星团星云图（二）

M56
天琴座球状星团
M57
天琴座环状星云
M58
室女座棒旋星系
M59
室女座椭圆星系
M60
室女座椭圆星系
M61
室女座旋涡星系
M62
蛇夫座球状星团
M63
猎犬座旋涡星系
M64
后发座旋涡星系
M65
狮子座旋涡星系
M66
狮子座旋涡星系
M67
巨蟹座疏散星团
M68
长蛇座球状星团
M69
人马座球状星团
M70
人马座球状星团
M71
天箭座球状星团
M72
宝瓶座球状星团
M73
宝瓶座疏散星团
M74
双鱼座旋涡星系
M75
人马座球状星团
M76
英仙座行星状星云
M77
鲸鱼座塞弗特星系
M78
猎户座弥散星云
M79
天兔座球状星团
M80
天蝎座球状星团
M81
大熊座旋涡星系
M82
大熊座不规则星系
M83
长蛇座旋涡星系
M84
室女座旋涡星系
M85
后发座椭圆星系
M86
室女座椭圆星系
M87
室女座椭圆星系
M88
后发座旋涡星系
M89
室女座椭圆星系
M90
室女座旋涡星系
M91
后发座旋涡星系
M92
武仙座球状星团
M93
船尾座疏散星团
M94
猎犬座旋涡星系
M95
狮子座棒旋星系
M96
狮子座旋涡星系
M97
大熊座枭状星云
M98
后发座旋涡星系
M99
后发座旋涡星系
M100
后发座旋涡星系
M101
大熊座旋涡星系
M102
天龙座椭圆星系
M103
仙后座疏散星团
M104
室女座草帽星系
M105
狮子座椭圆星系
M106
猎犬座旋涡星系
M107
蛇夫座球状星团
M108
大熊座旋涡星系
M109
大熊座旋涡星系
M110
仙女座椭圆星系

梅西叶（M）与NGC天体编号对照

M	NGC	M	NGC	M	NGC	M	NGC	M	NGC
1	1952	23	6494	45	—	67	2682	89	4552
2	7089	24	6603	46	2437	68	4590	90	4569
3	5272	25	IC4725	47	2422	69	6637	91	4548
4	6121	26	6694	48	2548	70	6681	92	6341
5	5904	27	6853	49	4472	71	6838	93	2447
6	6405	28	6626	50	2323	72	6981	94	4736
7	6475	29	6913	51	5194	73	6994	95	3351
8	6523	30	7099	52	7654	74	628	96	3368
9	6333	31	224	53	5024	75	6864	97	3587
10	6254	32	221	54	6715	76	651	98	4192
11	6705	33	598	55	6809	77	1068	99	4254
12	6218	34	1039	56	6779	78	2068	100	4321
13	6205	35	2168	57	6720	79	1904	101	5457
14	6402	36	1960	58	4579	80	6093	102	5866
15	7078	37	2099	59	4621	81	3031	103	581
16	6611	38	1912	6o	4649	82	3034	104	4594
17	6618	39	7092	61	4303	83	5236	105	3379
18	6613	40	—	62	6266	84	4374	106	4258
19	6273	41	2287	63	5055	85	4382	107	6171
20	6514	42	1976	64	4826	86	4406	108	3556
21	6531	43	1982	65	3623	87	4486	109	3992
22	6656	44	2632	66	3627	88	4501	110	205

八大行星的主要数据

项目	水星	金星	地球	火星	木星	土星	天王星	海王星
体积（地球为1）	0.056	0.866	1	0.151	1 321	763.59	63.09	57.74
质量（地球为1）	0.055	0.815	1	0.107	317.8	95.16	14.54	17.15
质量比重/（克·厘米$^{-3}$）	5.43	5.24	5.52	3.93	1.33	0.69	1.27	1.64
公转周期（地球时间）	88天	225天	365天	687天	11.86年	29.46年	84.01年	164.82年
公转速度/（千米·秒$^{-1}$）	47.362	35.02	29.78	24.08	13.07	9.69	6.80	5.43
自转周期（地球时间）	59.64天	243.02天	24小时	24小时37分钟	9小时50分钟	10小时14分钟	17小时14分钟	16小时06分钟
自转速度/（米·秒$^{-1}$）	3.026	1.81	465.11	241.17	12 600	9 870	2 590	2680
赤道倾角	0°	177°	23.5°	25°	3°	27°	98°	28.3°
赤道半径/千米	2 439	6 052	6 378	3 397	71 492	60 268	25 559	24 764
轨道倾角	7.01°	3.39°	0°	1.85°	1.31°	2.49°	0.77°	1.77°
轨道半长轴/天文单位	0.387 1	0.723 3	1	1.523 7	5.202 6	9.554 9	19.218 4	30.110 4
提丢斯-波得定则	0.4	0.7	1.0	1.6	5.2	10.0	19.6	38.8
轨道偏心率	0.205 6	0.006 8	0.016 7	0.093 4	0.048 3	0.055 6	0.046 4	0.009 5
近点幅角	29.1°	54.88°	—	286.5°	273.87°	339.39°	96.99°	276.34°
升交点黄经	48.33°	76.68°	—	49.56°	100.46°	113.66°	74.01°	131.78°

百年火星冲日时间

发生年月日	发生年月日	发生年月日	发生年月日	发生年月日	发生年月日
2016年5月22日	2031年5月4日	2046年4月17日	2061年4月2日	2076年3月19日	2091年 3月6日
2018年 7月27日	2033年6月28日	2048年6月3日	2063年5月14日	2078年4月27日	2093年 4月11日
2020年10月13日	2035年9月15日	2050年 8月14日	2065年 7月13日	2080年6月16日	2095年5月26日
2022年12月8日	2037年11月19日	2052年10月28日	2067年10月2日	2082年 9月1日	2097年 7月31日
2025年1月16日	2040年1月2日	2054年12月17日	2069年11月30日	2084年11月10日	2099年10月18日
2027年2月19日	2042年 2月6日	2057年1月24日	2072年1月11日	2086年12月27日	
2029年 3月25日	2044年3月11日	2059年 2月27日	2074年 2月14日	2089年1月31日	

10次水星凌日时间

发生时间	初亏时间	持续时间	初亏方位角	复圆方位角	发生时间	初亏时间	持续时间	初亏方位角	复圆方位角
2006年11月8日	21:42	4小时58分钟	141°	269°	2049年5月7日	14:31	6小时42分钟	31°	276°
2016年5月8日	15:00	7小时30分钟	83°	224°	2052年11月9日	02:31	5小时12分钟	134°	275°
2019年11月11日	15:22	5小时31分钟	110°	299°	2062年5月10日	21:41	6小时41分钟	97°	211°
2032年11月13日	08:58	4小时28分钟	77°	330°	2065年11月11日	20:10	5小时24分钟	103°	305°
2039年11月7日	08:48	2小时57分钟	174°	237°	2078年11月14日	13:45	2小时57分钟	69°	337°

行星的视直径和亮度

行星名称	最大视直径	最小视直径	最大视星等	最小视星等
水星	10"	4.9"	-2.6	+0.4
金星	64"	10"	-4.4	-3.3
火星	25.16"	3.5"	-2.9	-1
木星	50.11"	30.48"	-2.9	-2.0
土星	20.75"	18.44"	-0.3	+0.9
天王星	3.96"	3.60"	+5.65	+6.06
海王星	2.52"	2.49"	+7.66	+7.70
冥王星	0.11"	0.065"	+13.6	+15.95

太阳周年视运动中经过的星座及时间

星座名称	星座传统日期	星座名称	星座实际日期
宝瓶座	1月20日—2月18日	宝瓶座	2月16日—3月11日
双鱼座	2月19日—3月20日	双鱼座	3月12日—4月18日
白羊座	3月21日—4月19日	白羊座	4月19日—5月13日
金牛座	4月20日—5月20日	金牛座	5月14日—6月19日
双子座	5月21日—6月21日	双子座	6月20日—7月20日
巨蟹座	6月22日—7月22日	巨蟹座	7月21日—8月9日
狮子座	7月23日—8月22日	狮子座	8月10日—9月15日
室女座	8月23日—9月22日	室女座	9月16日—10月30日
天秤座	9月23日—10月23日	天秤座	10月31日—11月22日
天蝎座	10月24日—11月21日	天蝎座	11月23日—11月29日
		蛇夫座	11月30日—12月17日
人马座	11月22日—12月21日	人马座	12月18日—1月18日
摩羯座	12月22日—1月19日	摩羯座	1月19日—2月15日

希腊字母读音对照

大写	小写	读音	汉语标音
Α	α	Alpha	阿尔法
Β	β	Beta	贝塔
Γ	γ	Gamma	嘎玛
Δ	δ	Delta	德耳塔
Ε	ε	Epsilon	伊普西隆
Ζ	ζ	Zeta	栽塔
Η	η	Eta	伊塔
Θ	θ	Theta	西塔
Ι	ι	Iota	遥塔
Κ	κ	Kappa	卡帕
Λ	λ	Lambda	兰姆达
Μ	μ	Mu	谬
Ν	ν	Nu	纽
Ξ	ξ	Xi	克赛
Ο	ο	Omicron	奥米克戎
Π	π	Pi	派
Ρ	ϱ	Rho	柔
Σ	σ	Sigma	西格玛
Τ	τ	Tau	套
Υ	υ	Upsilon	宇普西隆
Φ	φ	Phi	夫艾
Χ	χ	Chi	契
Ψ	ψ	Psi	普赛
Ω	ω	Omega	欧米嘎

中国古代星辰位次等对应情况

三垣			
	紫微垣（北天极区诸星）	太微垣（夏夜天顶西侧诸星）	天市垣（夏夜天顶东侧诸星）

四象	玄武	白虎	朱雀	苍龙
颜色	黑色	白色	红色	青色

方位								
	北	西北	西	西南	南	东南	东	东北

四季				
	春	夏	秋	冬

五行	木	金	土	日	月	火	水	木	金	土	日	月	火	水	木	金	土	日	月	火	水	木	金	土	日	月	火	水

八卦								
	坎	乾	兑	坤	离	巽	震	艮

二十八宿	斗	牛	女	虚	危	室	壁	奎	娄	胃	昴	毕	觜	参	井	鬼	柳	星	张	翼	轸	角	亢	氐	房	心	尾	箕

九野									
	东北变天	北方玄天	西北幽天	西方颜天	西南朱天	南方炎天	东南阳天	中央钧天	东方苍天

二十八生	獬	牛	蝠	鼠	燕	猪	貐	狼	狗	雉	鸡	乌	猴	猿	犴	羊	獐	马	鹿	蛇	蚓	蛟	龙	狢	兔	狐	虎	豹

十二辰	丑	子	亥	戌	酉	申	未	午	巳	辰	卯	寅
十二肖	牛	鼠	猪	狗	鸡	猴	羊	马	蛇	龙	兔	虎
十二次	星纪	玄枵	娵訾	降娄	大梁	实沈	鹑首	鹑火	鹑尾	寿星	大火	析木
分野	吴越	齐	卫	鲁	赵	魏	秦	周	楚	郑	宋	燕
	扬州	青州	并州	徐州	冀州	益州	雍州	三河	荆州	兖州	豫州	幽州

二十四节气	冬至	小寒	大寒	立春	雨水	惊蛰	春分	清明	谷雨	立夏	小满	芒种	夏至	小暑	大暑	立秋	处暑	白露	秋分	寒露	霜降	立冬	小雪	大雪

十二星宫	人马座	摩羯座	宝瓶座	双鱼座	白羊座	金牛座	双子座	巨蟹座	狮子座	室女座	天秤座	天蝎座

全天88个星座名称的来源

克罗狄斯·托勒密命名的星座	
北天21个	小熊 大熊 天龙 仙王 牧夫 北冕 武仙 天琴 天鹅 仙后 英仙 御夫 蛇夫 巨蛇 天箭 天鹰 海豚 小马 仙女 三角 飞马
黄道12个	白羊 金牛 双子 巨蟹 狮子 室女 天秤 天蝎 人马 摩羯 宝瓶 双鱼
南天15个	鲸鱼 猎户 波江 天兔 大犬 小犬 南船 长蛇 巨爵 乌鸦 豺狼 天坛 南冕 南鱼 半人马

克罗狄斯·托勒密以后增设命名的星座	
阿美利戈·韦斯普奇于1503年增设命名的2个	南十字 南三角
杰拉杜斯·墨卡托于1551年增设命名的1个	后发
皮特鲁斯·普朗修斯于1592和1613年增设命名的3个	鹿豹 天鸽 麒麟
约翰内斯·赫维留斯于1687年增设命名的7个	猎犬 天猫 蝎虎 小狮 狐狸 盾牌 六分仪
尼古拉·路易·德·拉卡伊于1756年增设命名的17个	唧筒 圆规 山案 南极 罗盘 雕具 天炉 绘架 网罟 船帆 船底 时钟 矩尺 船尾 玉夫 望远镜 显微镜
彼得·德克·凯泽和弗雷德里克·德·豪特曼于1796年增设命名的11个	天燕 天鹤 苍蝇 杜鹃 蝘蜓 水蛇 孔雀 飞鱼 剑鱼 凤凰 印第安

已知的彗星及其回归周期

彗星名称（按周期排序）	周期/年	发现年份	近期回归年份	回归次数
恩克	3.30	1786	1984	63
格里格-斯克杰利厄普	5.10	1902	1982	14
杜-托伊特 II	5.20	1945	1982	2
坦普尔 II	5.27	1873	1987	18
本田-马尔克斯-帕德贾萨科维	5.28	1948	1990	7
施瓦斯曼-瓦赫曼 III	5.32	1930	1985	2
诺伊明 II	5.40	1916	1981	2
勃劳逊 II	5.47	1846	1879	5
坦普尔 I	5.50	1867	1993	8
克拉克	5.50	1973	1989	3
塔特尔-贾克比尼-克雷萨克	5.58	1858	1989	7
库林	5.82	1939	1986	1
沃塔南	5.87	1947	1991	6
羽根田-坎波斯	5.97	1978	1984	2
威斯特-科胡特克-池村	6.07	1975	1987	3
拉塞尔	6.13	1979	1985	1
怀尔德 II	6.17	1987	1990	3
阿雷斯特	6.23	1951	1902	14
科胡特克	6.23	1975	1981	2
福布斯	6.27	1929	1993	7
杜-托伊特-诺伊明-德尔波特	6.31	1941	1989	4
特里顿	6.34	1978	1984	2
宠斯-温尼克	6.36	1819	1989	2
坦普尔-斯威夫特	6.41	1969	1902	5
科普夫	6.43	1906	1989	13
施瓦斯曼-瓦赫曼 II	6.50	1929	1981	9
贾克比尼-津纳	6.52	1900	1991	11
沃尔夫-哈林顿	6.53	1924	1990	7
丘龙穆夫-杰拉西门科	6.59	1969	1988	4
科瓦尔 II	6.51	1979	1991	2
紫金山 I	6.65	1965	1991	5
吉克拉斯	6.68	1978	1985	1
比拉	6.70	1772	1852	6
哈林顿-威尔逊	6.70	1951	1984	1
雷恩穆特 II	6.74	1947	1981	6

彗星名称（按周期排序）	周期/年	发现年份	近期回归年份	回归次数
约翰逊	6.76	1949	1990	7
博雷林	6.77	1905	1987	11
珀赖因-姆尔科斯	6.78	1896	1982	5
哈林顿	6.88	1953	1987	3
冈恩	6.82	1969	1982	3
紫金山Ⅱ	6.83	1965	1991	4
阿伦-里高克斯	6.83	1950	1984	6
斯皮塔勒	6.89	1890	1986	1
布鲁克斯Ⅱ	6.90	1889	1987	12
怀尔德Ⅲ	6.89	1980	1987	1
芬利	6.95	1886	1988	11
泰勒	6.98	1916	1990	3
郎莫尔	6.98	1974	1987	2
霍姆斯	7.06	1892	1993	-
丹尼尔	7.09	1909	1992	7
沙金-沙尔达彻	7.26	1949	1993	4
法伊	7.39	1943	1984	17
德・维科-斯威夫特	7.41	1844	1987	3
阿什布鲁克-杰克逊	7.43	1948	1992	6
惠普尔	7.44	1933	1993	8
舒斯特	7.48	1978	1992	2
哈林顿-艾贝尔	7.58	1954	1990	6
雷恩穆特Ⅰ	7.59	1928	1988	7
梅特卡夫	7.77	1906	1983	1
小岛	7.86	1970	1992	3
肖尔	7.88	1918	1981	1
格雷尔斯Ⅱ	7.94	1973	1989	3
阿伦	7. 98	1951	1991	6
格雷尔斯Ⅲ	8.11	1977	1992	3
肖马斯	8.23	1911	1992	7
杰克逊-诺伊明	8. 37	1936	1987	3
沃尔夫	8.42	1884	1992	14
斯默诺瓦-彻尼克	8.53	1975	1984	2
科马斯-索拉	8.94	1927	1987	7
基恩斯-克威	9.01	1963	1981	3

彗星名称（按周期排序）	周期/年	发现年份	近期回归年份	回归次数
丹宁-藤川	9.01	1881	1987	2
斯威夫特-格雷尔斯	9.23	1889	1991	3
诺利明Ⅲ	10.57	1929	1993	4
盖尔	10.88	1927	1981	2
克莱莫拉	10.95	1965	1987	2
贝辛	11.05	1975	1986	1
维萨拉Ⅰ	11.28	1939	1992	6
斯劳特-伯纳姆	11.62	1958	1992	4
范・比斯布勒克	12.39	1954	1991	3
桑吉恩	12.52	1977	1990	1
怀尔德	13.29	1960	1986	2
塔特尔	13.68	1790	1992	11
切尔尼克	14.00	1978	1992	1
格雷尔斯Ⅰ	14.54	1973	1987	1
杜・托伊特Ⅰ	15.00	1944	1988	2
施瓦斯曼-瓦赫曼Ⅰ	15.00	1925	1989	4
科瓦尔	15.10	1977	1992	1
范・豪顿	16.10	1961	1993	1
诺利明Ⅰ	17.90	1913	1984	5
奥特麦	19.30	1942	1958	3
克伦梅林	27.40	1818	1984	5
坦普尔-塔特尔	33.20	1366	1998	4
斯蒂芬-奥特麦	33.70	1867	1980	3
威斯特费尔	61.90	1852	2038	2
杜比亚戈	67.00	1921	1988	1
奥伯斯	69.50	1815	1956	3
庞斯-布鲁克斯	71.90	1812	1954	3
布罗逊-梅特卡夫	70.60	1847	1988	3
德・维科	75.70	1846	1988	1
哈雷	76.00	公元前466	1986	29
维萨拉Ⅱ	85.40	1942	2027	1
斯维夫特-塔特尔	125.0	1862	1992	2
梅利什	145.0	1917	2062	1
赫歇尔-里戈利特	155.0	1788	2058	2